職引迷津

【職場導航】

【行家軟實力】

〈推薦序〉

典藏「誠」與「德」，實踐「善」與「愛」

王本榮

「We are 99%.」是二〇一一年占領華爾街運動的口號——從突尼西亞的「茉莉花革命」，一路延燒至利比亞、埃及、土耳其、歐洲、美國乃至臺灣的「太陽花運動」，對抗權力者、反對全球化、貧富不均及世代不正義的社會革命風起雲湧，蔚成狂潮。

年輕人常被汙名化爲「魯蛇」、「廢青」、「草莓族」、「月光族」，但當他們挺身而出，又被定位爲「社會亂源」，眞是情何以堪。每個時代都是最好的時代，同時也是最壞的時代；享受時代進步，科技發展的果實，必須承受更激烈的競爭與更大的壓力，雖不盡公平，但很合理。

二十一世紀是知識經濟、數位科技的時代，更須要有專業能力、創新思維、團隊合作及國際視野的人才投入各行各業。臺灣近年來高等教育蓬勃發展，學系及課程急劇增加。面對這些「量變」，如何提升「教學」品質，回歸「教育」本質，增加「學習」效能，真正導致良性的「質變」，以培養具有競爭力的地球優質公民，是慈濟大學面臨的最大挑戰，也是努力的目標。

慈誠懿德爸媽於慈大教育扮演非常重要的角色，不但以大愛陪伴，更是典範的傳承。無論是課業、生活、感情、心理，皆全面性、全方位地關懷，與學校導師、諮商中心，共同建構了教育史上「三軌多元輔導」的創舉。

慈誠懿德的業師們，歷經了農業、工業、知識與資訊時代，穿越了戒嚴、解嚴、冷戰與冷和政局，從勤業、敬業、樂業與善業成就了人生的事業與志業，他們在「慈懿咖啡館講座」分享了學思歷程、產業動態、專業知能、創業艱辛、時間管理及人際關係的經驗與體驗，有助慈大同學提升學習動機、確立學習目標，並對產業動態及必備的就業能力有更早的認知。

慈濟所堅持「生活教育」、「生命教育」理念，在歷經風雨交加的試煉後，呈現的是滿天絢麗雲彩。業師們的人文素養、生命智慧，引領同學正確且有效的實踐理想、貢獻社會。

二十二位業師在「慈懿咖啡館講座」所分享的人生故事匯集成書，不啻是「誠」與「德」的慧命典藏，也是「善」與「愛」的生命實踐。

（本文作者為慈濟大學校長）

〈推薦序〉

學涯、職涯和生涯的指路明燈

林曉君

《靜思語》：「每天都是生命中的一張白紙，每一個人、每一件事都是一篇生動的文章。」這是慈濟大學「慈懿咖啡館講座」的發想動力——藉由講師群分享自我人生甘苦；不論成功失敗、高低起伏，每一個獨特的生命故事，都能爲年輕的生命帶來鼓舞與啓發。

慈濟大學自九十九學年度起開辦「慈懿咖啡館講座」，至今已邁入第八年，每學期四場、共近六十場講座，累計逾兩千人次的師生參與。

講師群的共同身分是慈濟大學慈誠懿德會爸媽，個人背景涵蓋管理、科技、製造、文創、觀光、藝術及服務等產業，闡述自身歷經失敗、抗壓、奮鬥等逆轉勝的過程，呼應慈濟「用生命啓發生命，用生命感動生命」的教育特色。

看到平日默默付出的慈誠懿德爸媽們，登上講堂分享時，流露出的眼神光芒與自信展現，是一種無法言喻的感動；而參與講座的師生回饋，也讓一股清流穿過彼此的心，相互成就心靈顫動。

在價值紛亂的社會裏，這一群眞心交流的無私講師，帶領我們細細品味他們豐富的人生，用心挖掘世間無價的生命寶藏，敦促自我再創生涯高峰；對青年學子們而言，他們猶如學涯、職涯和生涯的一盞指路明燈，照亮爲前途徬徨的心靈。

慈濟大學位於後山花蓮，以簡單、美善與純樸的校風，深耕學生心靈、奠定人文根基。面對未來新數位時代的發展，年輕人除需具備創新、創意、求變的新思維，也唯有深具愛心的人文素養，才是人工智慧所無法取代的。

本書匯集眾人智慧而成，感恩慈濟人文眞善美志工用心用愛採訪、撰寫，讓我們能再次透過文字回味慈懿咖啡館講師群的精彩和無私奉獻人生。只要細細品讀，必能領悟出：唯有往下扎根的深度學習，心念專注與堅強的意志力，才有可能在未來綻放出美好幸福的人生，這也是慈懿咖啡館講座成立的最大宗旨與目標。

誠如《靜思語》所言：「信心、毅力、勇氣三者兼具，天下沒有不能完成的事。」希冀時下年輕人能以書中眞實人物爲典範，發展志向、終身學習，追求專業之外，更要勇於跨出舒適圈、持續培養自我軟實力。

（本文作者為慈濟大學教育研究所副教授兼人文處主任）

職場導航

二十一世紀是知識經濟、數位科技時代，
及早掌握產業動態、培養就業能力、開拓國際視野，
才能成為具有競爭力的優質地球公民。

寶貝臺灣寶貝

撰文／鄭淑貞．攝影／陳美珠

五十多年前，貝類研究在臺灣並非熱門學科，
巫文隆在有限的資料裏摸索。
「一開始，每扇門都是關著的，
只要願意深究，用盡各種方法把門打開，
就會看到更深、更寬、更廣的知識……」

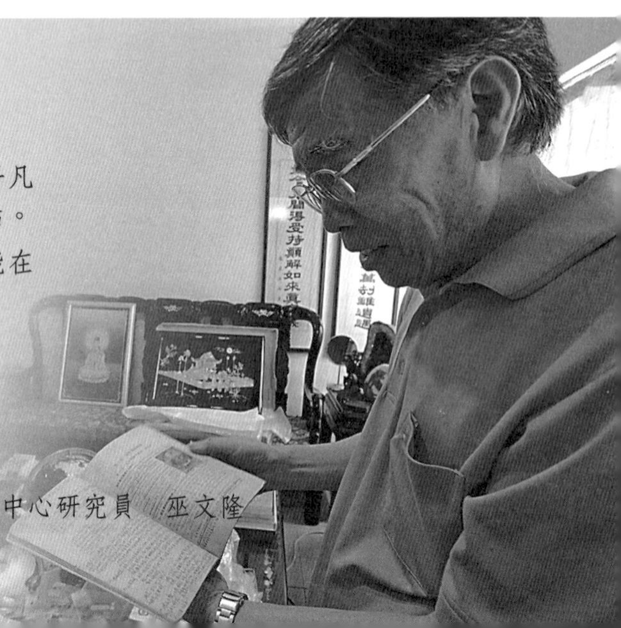

職場心語

- 培養敏銳的觀察力，再平凡的事物都能從中找到亮點。
- 做自己感興趣的事，就能在工作中獲得樂趣。

▶▶▶ 中央研究院生物多樣性研究中心研究員　巫文隆

「哇！溪底有蜊仔！」淡水河沿岸有許多養鴨人家，一群頑皮的孩子在河岸邊到處尋找鴨蛋，再踏入透心涼的溪水嬉戲；順手一撈，發現躲藏於溪沙裏的寶貝——蜊仔（蜆），大家一陣驚呼！

從小在俗稱「上海街仔」長大的巫文隆，回憶孩童時期與大自然爲伍的無憂生活，「早期淡水河有兩樣東西很重要，一是日本引進的蛤蜊，通稱爲文蛤；另一則是淡水河本身就有的蜊仔。」

文蛤生長的位置靠近河口，蜊仔比較靠河邊，巫文隆說：「我們男孩子比較愛玩，像發現新的遊樂場，『一兼二顧，摸蜊仔兼洗褲』，運氣好的話，還可以帶些鴨蛋和蜊仔回家加菜。」

生物學啓蒙

國小畢業後，巫文隆以第一志願考進師大附中實驗班。那時的實驗班可從初中直升高中，班上外省籍學生超過半數，許多同學的父母不是老國代就是立委，家庭環境相對優渥。巫文隆在中學期間參加了很多社團，玩得很開心，也順利直升高中。

師大附中實驗班的授課內容，除了國文、英文以外，其餘教材如生物、物理、三角、幾何等，都由校內老師編寫。其中，有些老師是由師大教授兼任，觀念很先進，唐玉鳳老師就是巫文隆在生物領域的啓蒙導師。

當時實驗班的生物課程等同於大一程度，一九六四年，巫文隆高一時就有了「基因」概念。高二下學期，班上同學爲了準備大學聯考，組成好幾個不同科別的讀書會，分享個人學習心得；最後包括巫文隆在內，班上有三分之一同學考上臺灣大學。

選塡志願時，有人想念醫科，有人選擇植物學系，巫文隆則選擇了臺大理學院動物學系。大三時再度面臨升學抉擇，幾位從日本東京大學學成歸國的老師，鼓勵他們選擇海洋研究所就讀。巫文隆和班上同學以優異成績，囊括第二屆海洋研究所的所有錄取名額。

這些畢業於日本東京大學漁業生物資源研究所的老師，共同專長都是魚類生物資源學研究，但巫文隆有不一樣的思維：「將來我若也做魚類研究，一定會跟自己的老師競爭；如何能不跟他們競爭、而有共同合作的機會呢？」

海洋生物中種類最多的是節肢動物，如昆蟲或蝦蟹類；其次爲軟體動物，也就是貝類等，貝類占全球動物物種的百分之十二。巫文隆決定以此爲主題進行研究，但當時臺灣雖有貝類相關學會，卻沒有研究貝類的老師，必需自己尋找資源！

日治時代，爲了成立國家級博物館而成立日本生物御研究所，要求所有殖民地如臺灣、韓國等，都必須蒐集當地的生物資訊與各種類的生物標本，送回日本。其中貝類部分，由京都大學的黑田德米教授負責鑑定、分類與整理。一九四〇年，由臺灣各中小學老師所收集、整理好的貝類標本，均集中存放於臺灣大學的前身「臺北帝國大學」，黑田德米親自到臺灣來進行鑑定與分類的工作，結束後將報告一份送到日本生物御研究所、一份存放臺北帝大。

一九四一年，黑田德米教授回到日本，發表一篇《臺灣貝類目錄及新種記述》，記載當時在臺灣海域發現的一千四百九十二種貝類，包括黑田教授所命名的三十三種新品種陸棲貝類（蝸牛）。

巫文隆曾到日本看過這些紀錄，相較之下，留存在臺大的標本，受到空間限制，以及缺乏妥善的管理制度與觀念，無法得到完善的典藏與展示，他覺得很遺憾：「有些有標本沒有標籤，有些有標籤沒有標本，有的甚至什麼資料都沒有留下……」

一九七三年，巫文隆進入中央研究院，參與動物學研究所的漁業生物資源學研究團隊，在蘭嶼做漁業採集及貝類普查。兩年前臺大地質學系林朝棨教授也曾帶領學生到蘭嶼從事調查研究，並發表《蘭嶼之貝類及其動物地理》學術論文。巫文隆深覺，要研究貝類必得前去拜訪請教林教授。

林朝棨教授在臺大任教期間，曾將黑田德米厚達兩百頁的臺灣貝類目錄專書拆開，每兩頁間放入兩頁空白頁，只要看到貝類相關報導與資料，就剪下來貼在空白頁上，讓資料搜集愈來愈完整。

得知林教授的用心，巫文隆每星期六均會到青田街的臺大宿舍，向林教授學習並請益豐富的貝類知識。教授長年認眞投入臺灣第四紀地質研究，人稱「臺灣第四紀之父」，經常跋山涉水、睡在野外，備受風溼之苦；但面對巫文隆的誠心求教，縱然必需穿著鐵衣，亦耐心地與他逐一討論每個貝殼的故事，讓巫文隆受益良多。

海外尋寶

一九八一年，巫文隆即將前往英國留學。林朝棨教授將那本珍貴收藏，以及自己歷年來用針筆書寫的六本研究資料交給巫文隆，希望他能傳承。

跟隨林教授學習期間，深受林教授對貝類研究的嚴謹態度與精神所感動，巫文隆不僅找到學習的標竿，也有利日後深入研究臺灣貝類的促發。

十九世紀，許多英國人來到臺灣進行生物採集，並將成果送回大英自然歷史博物館收藏。二〇〇二年，巫文隆參加行政院國家科學委員會籌組成立的「數位典藏國家型科技計畫」，負責收集與典藏散佚海外的臺灣貝類標本資訊。他遠赴英國、德國、法國、荷蘭、瑞典、美國、日本、中國等地的博物館，將標本拍照數位化後，整理存檔，至今臺灣本土貝類資料庫（http://shell.sinica.edu.tw），已整理出多達三千七百多種貝類，加上尚待整理的一千四百多種臺灣綠島小貝，目前已知的臺灣貝類應該已超過五千種，不負當年林教授所託付的重責大任。

巫文隆說：「我必須把散佚在海外各地的臺灣貝類標本借出來照相、記錄、數位化，讓我們的子孫也能知道臺灣的貝類生物資源。」

一開始，巫文隆對貝類研究是出於好奇心，談不上興趣。但在深入的過程中，使命感自然養成。他笑著說：「一開始，每扇門都一定是關著的；把門打開一條縫，就會看到一點點門內風景；再用各種方法深入，門慢慢打開，當一腳踏進去後，看到的願景會更深、更多也更廣！」

做研究一定會遭遇困難，巫文隆淡然地說：「若說有困難，就是找不到資料，這時只好先擺在一旁，有因緣就可以繼續研究。只要願意深究，就會看到更寬廣的知識，就怕你不願踏進去。」

收集臺灣寶「貝」

二〇〇二年，巫文隆的軟體動物學研究團隊著手於貝類資料庫的「創意加值」，也就是所謂的「文創」。如何讓資料庫加值？巫文隆認爲，所有研究計畫必須跟人類的生活相關，計畫才能實在與永續，「創意加值就是有目標的胡思亂想，仔細思考：食、衣、住、行、育、樂，哪些有貝類的元素？」

巫文隆跑過很多國家，收藏許多貝殼圖案的貝文物與典故、紀念品、貝藝品、銅板、郵票、服飾衣著、信用卡和支票本等。助理、學生、親戚們發現關於貝類的報章雜誌和物品，也都特地收集後提供給他。從口袋抽出一張有三隻可愛蝸牛圖案（同爲貝類軟體）的信用卡，他臉露得意笑容：「我有整套的，大概一、兩千件。」

在巫文隆的屋子裏，還有專門收藏跟貝類有關的檜木櫃，多層拖拉式開放抽屜上方，用一片透明壓克力板保護著各式各樣的收藏品，有貝類相關的珍珠耳環及項鍊、宗教法器、水晶等。更讓人驚訝的是，每個收藏品下方都貼心地貼著 QR-Code 二維條碼的履歷認證供人查閱，所有資料彙整在多張 A4 大小的索引目錄，讓他可以輕易搜尋。

他小心翼翼拉出儲藏櫃的抽屜：「四十五個櫃子都用同一支鑰匙，避免從一大串鑰匙去找；木櫃下方還加上輪子，方便移動。」

「也許是職業病使然！」話一出口，巫文隆露出頑皮笑容：「通常進入一個陌生的空間，我眼睛會迅速掃描哪裏有貝類？尤其女眾戴的珍珠耳環或飾品，經常是跟貝類有關，所以被朋友笑稱是『貝殼眼』。」

「貝類有野生的嗎？」巫文隆快速回答：「當然有，我的收藏蘊含著兩件事：一是環境保護，一是野生動物保育，這可以跟我的展覽『寶貝臺灣寶貝』連貫起來。」

巫文隆回憶，這項在建國百年時籌畫的特展，當初討論時，爲了串連起環境保護與野生動物保育這兩個主題，特別提出「寶貝臺灣寶貝」的通關密語（Slogan），其中妙處就在逗點的擺放位置：「可以是『寶貝，臺灣寶貝』，呼籲大家一起來保護臺灣所有的野生物種；或是挪動逗號，就成了『寶貝臺灣，寶貝』，就是保護臺灣的環境。」

有趣的「貝文化」

一九八一年，巫文隆獲得行政院國家科學委員會第十九屆「科技人員國外研究獎助」；同年四月，獲中央研究院留職留薪，前往英國曼徹斯特大學動物學研究所，主修軟體動物的生理學及微細構造研究，於一九八五年五月獲得動物學的哲學博士學位。

而後他返回中央研究院動物學研究所，建立臺灣第一座以臺灣貝類爲主要研究目標的「軟體動物學研究室」，著手整理一篇《臺灣軟體動物學研究的回顧與發展》，開始有計畫地收集海內外有關臺灣貝類研究的文獻及專書等，經過詳細的審閱與比對，再加以分門別類，因此獲得第二十五屆十大傑出青年與總統府的一等服務功績獎章。

巫文隆研究貝類，總是搭配富有地方色彩的小故事，更開創新的「貝文化」研究學門。他說，中文字裏「貝」字部首幾乎都跟「錢」有關，如：買、賣、賺、賠、賄、賂……古代也經常以鍛燒後的貝殼粉爲書寫、作畫原料，作品能歷經久遠而不會變黃。

貝類更被視爲是人類相當重要的蛋白質來源，也常作爲飾品、藥材、圖騰、護身符的表徵。西畫中「維納斯的誕生 The Birth of Venus」，就以巨型貝殼作爲維納斯的誕生處；藏傳佛教中常見的八吉祥（藏八寶）中有法螺貝殼；佛教千手千眼觀音手中所持的法器也有貝殼，可見貝類與人類文明息息相關。

說到衣服，巫文隆說：「臺灣早期有兩個廠牌的襯衫：FIRST『否司脫』跟SMART『司麥脫』，就是用貝殼來做襯衫的扣子，因爲品質良好，專門做出口。」而三芝貝殼廟、彰化福興鄉的貝殼廟，當初建蓋時也將貝殼作爲建材使用。

從平凡中找「亮點」

瑞典生物學家林奈（Carl Linnaeus），一七五八年建立了生物物種的二名法，在瑞典人心目中，他是對世界文化有卓越貢獻的重要人士。當地最常用的百元紙鈔上就印有林奈肖像，並用拉丁文寫著：「要在平凡的事物中，找出讓人驚奇的事物。」
對於有志從事生物學研究的年輕人，巫文隆建議，要自我訓練敏銳的觀察力。就如看到花開，「要知道爲什麼是這個時間開花？是眞正到了花期，還是氣候或環境因素讓它開花？一般人認爲平常的事，研究人員要有想一探究竟的好奇心。」
巫文隆強調，即使再平凡的事物，都能找出它的亮點。「找出不同學生的不同亮點，這是爲人師長的責任；做研究也一樣，要在平凡中找出讓人驚奇的事物。」
「敏銳的觀察力要持之以恆。」巫文隆說，不能今天決定做這項研究，還沒有成果就放棄改做另一項。他自傲地說：「從研究所畢業到退休，四十二年來我只專注中研院工作，不曾領過其他單位的薪水。」
早期參與潮間帶與亞潮帶的生物資源調查，受限研究經費不充裕，研究人員凡事親力親爲，得學會游泳、潛水等技能，上山下海找尋需要的生物資訊，還要自己拍攝、製作幻燈片，才能以調查成果爭取下一年度的研究經費；還要經常半夜走遍臺灣各大小漁港，掌握經濟漁業資源的變動情形。

儘管身體勞苦，但巫文隆笑說自己「自我感覺良好」，「做自己感興趣的事，堅持爲自己的初發心去做研究，總是能在工作中獲得樂趣。」

貝類研究沒有考照問題，但相較於一般民間研究，巫文隆認爲，擁有學位是優勢也是資源——要拿到公家資源，必須高考及格或有博士學位，巫文隆則是兩者兼具。

大學至今四十多年來，他孜孜不倦的研究態度與行儀，展現一門深入的專業與熱誠，更在二〇一三年退休前，出版了四十四本貝類相關書籍。現階段，他計畫撰寫跟貝類有關的科普文章，講故事、講人文，希望將生物科學普及化，讓生物成爲人人都能懂的一門科學。

誠、信 不二家

撰文/邱蘭嵐・攝影/張進和

從迪化街店員到食品商老闆，陳萬旺提醒想創業的年輕人，投資成功來自計畫周詳，「培養洞察先機的能力，主動爭取學習機會，機會來臨就能把握。」

職場心語

- 複製好的經驗，將知識、學識轉為膽識，就能少走冤枉路。
- 寧可不做，也不能違法做虧心事。
- 做生意是一時的，做朋友才能長久。
- 誠信待人，才會有貴人相助；行善積福，才能與人結好緣。

▶▶▶ 旺陞貿易有限公司負責人　陳萬旺

一九六三年，陳萬旺初中畢業就踏入社會，在迪化街當店員、住宿老闆家，一份薪水卻得做兩份工——每天早上五點起床，先打掃老闆住家及倉庫、辦公室，再到門市忙到晚上九點半，關店後回老闆家清洗浴室，往往近十一點才有屬於自己的時間。就連生病都要工作到晚上八點，老闆才說：「你生病就早點回去休息。」

「這樣的日子要繼續嗎？離開後我能做什麼？」陳萬旺心想：「總不能一輩子扛貨、做到老吧？」

未雨綢繆，累積實力

六〇年代的迪化街很熱鬧，店門一開就有錢賺。陳萬旺每天在人潮中應對，同時也積極尋找出路。他觀察到很多南北雜貨來自日本，發現臺灣與日本同為島國，資源都要仰賴進口，走貿易一途應該可行。

但是，去日本一趟，光來回機票就要新臺幣七千多元，以他月薪三百元來算，得不吃不喝兩年才有辦法，這還不包括住宿、交通等費用。

「十年寒窗無人問，一舉成名天下知。」陳萬旺明白，做好準備才是自立門戶的重要關鍵，便爲自己訂下十年計畫。

首要之步就是「存錢」。當時民風純樸，跟會、養會是快速又安全的存錢方式；陳萬旺把三分之二的薪水拿去跟會，賺到兩萬元後開始買賣現貨；因爲善於觀察，往往都有很好的獲利。

像是每到過年前，做年糕的糯米紙就供不應求，陳萬旺總會先買來等；看準大眾對味素的喜愛，他又託朋友買進再寄放，不必擔心貨物倉儲問題；等待好時機再賣出，直銷管道順暢，雙方都得利。

這分洞察先機的能力，爲陳萬旺攢下創業的資本。但他並不因此滿足，積極充實自身條件，決定學好英、日等外語。

當他鼓起勇氣向老闆請求，希望提早一小時下班去上課，薪水依法扣除。老闆不但不肯還嘲笑他：「你在開玩笑？迪化街的孩子哪有可能晚上去上課？」

逼不得已，陳萬旺只好向老闆提出「辭呈」。老闆知道若不答應，一定會失去一個勤勞聽話的夥計，只好勉爲其難地說：「先講好，忙碌時還是要以店裏的生意爲主。」

店鋪夥計要去補習一事，轟動整個迪化街商家。陳萬旺很珍惜這分「爭取」來的機會，每週一、三、五都風雨無阻地去上課。漸漸地，語言學到一定程度，他深感不能活用就是死東西，若不轉換工作，只能原地踏步；正好一家飯店有職缺，陳萬旺順利轉換職場，從大夜班做起。

白天，他一有機會就跟各國觀光客練習對話，連韓文、粵語、西班牙語或菲律賓語都學上了；晚上，再到夜校就讀，學國貿、稅法、財務、會計，把長久以來因學歷不高所產生的自卑感化成力量。

他的勤奮與努力，爲他拿下「第一名」畢業的殊榮。到了入伍年齡，陳萬旺又開始未雨綢繆，買下一間十七坪大的房子出租，不但不用擔心服兵役時沒錢花用，甚至還有多餘能力來投資。

儘管一切順利，但陳萬旺也擔心，計畫再縝密，哪天開貿易公司的美夢無法達成、又沒有一技之長，該怎麼辦？

三年的海軍義務役期間，陳萬旺主動到通訊單位學習報務員，打著退伍就能上漁船服務，或者考個證照就能上商船到世界各地工作的想法，日日不懈怠地苦讀相關書籍，爲自己儲備「第二工作」能力。

沒想到一退伍，機會就來了，一位迪化街的老前輩找他合夥開貿易公司。陳萬旺投入的資本最小，負責的事務卻最多——白天和國外廠商聯絡業務，還要用三輪車或人力車送貨；晚上記帳到十二點多才回家，幾乎所有事務都一手包辦……

最後不得已，他向合夥人道「再見」，從貿易公司退了出來，但也練就金剛不壞的精神與毅力，擁有寬廣的人際關係。

助人是利己，誠信有魅力

陳萬旺第二次創業是在結婚後，在國外廠商的支持下，以獨資方式開業。

他一本在迪化街工作時的精神，以「勤儉」、「誠信」、「不留壞名聲」爲原則，勤作努力地打拚事業，深獲廠商青睞與賞識，建立了深厚互信的基礎；他可以任意選購喜愛的商品，等貨運送到臺灣，甚至賣完、收到貨款後，再付款予廠商。陳萬旺沒有辜負這分得來不易的信任，總是盡速地付清貨款。

當時社會沒有商品展示會，爲了擴展市場、開發新產品，陳萬旺背著兩個大行李袋，從日本的琉球到九州、神戶、大阪，裝滿一站站收集到的樣品，保守估計有五、六十公斤以上；有一次不小心走錯月臺，還得扛著沈重的行李，連走帶跑地在三分鐘內轉換月臺、搭上火車。

陳萬旺強調，創業要有好體力，幸好自己平日養成運動的好習慣；

經過一次次的磨練，在沒有語言隔閡下，將學識、知識變成他衝破難關的膽識，逐漸掌握市場新知；他在新買的倉儲開商品展示會，與客戶分享商品新知，或利用拜訪客戶時進行交流。

有一次，他拿新產品給客戶卻被考試，要他把日文說明書翻譯成中文。陳萬旺耐心地解釋後，客戶滿臉佩服，立即訂購了兩百箱新產品。

買貨附「祕笈」，雖是促銷手法之一，但陳萬旺更重要的信念是：「做生意是一時的，做朋友才能長久；先幫朋友賺錢，朋友就能幫自己賺錢。」

如今，陳萬旺擁有千種日本食品代理權，要成爲他的客戶，還得經過他默默觀察兩年，才有可能成爲死忠好朋友。

曾經，客戶旗下一名優秀業務，自行創業後卻被老東家在業界下封鎖令，最後找上陳萬旺幫忙。他特地開了一部租借來的百萬名車撐場面，被陳萬旺一眼識破；陳萬旺使用「不同對象販售不同類型商品」的策略，爲這位業務與老東家做出市場區隔，用智慧化解「封鎖令」，不僅保住現有客戶，也成功幫助這位朋友，並爲自己拓展更多客源。

還有一位客戶想買房子，又怕因此沒錢付貨款。陳萬旺知道後，反而鼓勵他：「買屋置產很重要，更何況是用來作貨物倉儲的生財器具；開給我的支票票期長一點沒關係，有困難再打電話給我。」

客戶辛苦兩、三年，總算苦盡甘來，生意蒸蒸日上，房價亦不斷上漲。爲了回饋，只要陳萬旺有需要，他一定相挺到底。

陳萬旺將這分成果歸究於《靜思語》：「要改變別人，不如先改變自己。」幫助人的善念一起，就能招來福運。

有一次，陳萬旺看好某樣產品，計畫在日本上市販賣，請來當地商家設計與製作包裝。幾次出貨後，業績沒有想像中好，只好忍痛停售，但他仍將包裝設計的款項一毛不少地結清，不因距離遙遠或採購失敗，就對國外商家產生占便宜的心態。

這樣的好名聲一經流傳，招攬更多人願意與他生意往來，也促進營運成長。陳萬旺始終相信，這是「誠信」最有魅力的地方。

寧可不做，也不違法

陳萬旺經營的旺陞貿易有限公司坐落於臺北關渡平原上，廣闊的前庭可同時容納五部大貨車上下貨，一樓是貨物集運與分配中心，物品擺放井然有序，工作人員忙著出貨，地面仍保持潔淨清爽，有別於一般人對倉儲的印象。

順著樓梯走上二樓，可看見用透明玻璃隔間的辦公室與會議室；儘管位於大馬路旁，辦公環境卻顯明亮安靜。客人才到門口，立即有人微笑上前接待、送上精緻的茶水點心；走入化妝間，更有來到五星級飯店的感覺。

陳萬旺表示，好的環境有助頭腦清醒，除了可提高同仁工作效率，也能營造賓至如歸的氛圍，「最重要的是，外在環境的顯現，是對行業的一種尊重。」

一九七八年，臺灣剛解除部分進口食品管制，關稅高得嚇人，稅率大多百分百以上。陳萬旺創業時，依手頭僅有的資本，放棄高檔又具競爭力的干貝、魚翅等食品，選擇老商家不會做，但又符合年輕人喜愛的精緻與新奇特色商品，糖果、餅乾及調理食品的口味、包裝或創意變化，都與臺灣人的口味相近。

日本食品標榜安全、安心、美味，食材備有產地證明，添加物多是天然香料，賞味期又是臺灣產品的一半；廠商出口前會自行檢驗再附證明，等要出口時再次經過嚴格檢驗；貨到臺灣也是層層把關，銷售時亦筆筆記載分明，每日彙整報表上報衛福部。

這樣嚴謹處理，也有百密一疏之「嚇」。日本三一一地震發生後，臺灣禁止進口核災區食品，縱使陳萬旺特別向日本廠家再三強調，不要進口福島五縣市食品，二〇一五年三月遭北市衛生局稽查時，仍發現有五款食品疑是更改產地標籤而來。幸好經士林地檢署調查，發現日本以代碼管理不同地區工廠，旺陞的中文標籤與日文同，並無更改之實、亦非核災食品，終於還給他與公司一個清白。

再回首，陳萬旺依然胸有成足，「不做虧心事就不用擔心」。這分把握來自「寧可不做，也不違法」的做人做事原則。

陳萬旺提醒年輕一輩，要代理日本產品，最好能研究日本文化與做事態度。「日本人特別守時，與他們見面或約會，千萬不能遲到，也不能以『準時』自滿，因爲他們有『提早十分鐘到達』的好習慣。」

合夥投資，不怕吃虧

有一回，陳萬旺到日本工廠參觀，隨口問了廠長幾點上班？

「六點半。」廠長的回答，令陳萬旺嚇一跳，「怎麼這麼早？」

細問後才知道，廠長每天四點半起床，開車一個多小時來上班；一到工廠，第一個動作就是巡廠、開機，讓員工一來上班就能立即上線。

日本有很美的職場文化，就是「尊重」。無論是多優秀的後輩，見到先進一定鞠躬打招呼，顯現年輕人對長輩的尊重。陳萬旺說：「彎得下腰，很多事就能解決。日本人對工作的敬業精神，値得學習。」

「不二家」是一間一九一〇年創業，以「爲家族的幸福做貢獻」爲使命的日本知名廠家，晉身日本五大製菓產業之一，產品有糖果、餅乾與生活用品，代表人物「牛奶妹」PEKO醬（ぺコちゃん），是日本最具代表性的企業廣告人形。

陳萬旺總代理「不二家」在臺灣的銷售，日本總公司駐臺代表要求非常嚴苛，只要旺陞的包裝設計有一點點瑕疵就退件，不接受「隨便」或「馬馬虎虎」的態度。

陳萬旺認爲，日本人慢工出細活、向心力超強，而臺灣人的優勢就是果斷力強，只要彼此有共識，就會勇往直前。

以二十年前「森永」遭千面人下毒爲例，當時市場一片恐慌，退貨造成倉庫貨品堆積如山；公司員工及家屬主動到車站或人潮眾多的地方，請大家安心購買，最終挽救公司倒閉的危機，見證團結合作力量大。

陳萬旺最欣賞日本廠商守信用，不隨便要代理商吃貨、囤貨，或任意更換代理權。從事貿易超過五十年，他在三十年前開始代理「不二家」、創下可觀的業務成績，除了得到廠商全力肯定與支持，陳萬旺在「行銷手法」也下足功夫。

有一次，陳萬旺和一群慈濟志工在臺北車站邀約民眾參與骨髓幹細胞捐贈驗血活動，他靈機一動，將不二家的招牌娃娃化成人偶，與民眾做面對面說明；原本計畫募一百二十個志願驗血者，最後竟有兩百六十個登記，創下驗血活動新紀錄，這種行善自助的方式讓日方佩服，買賣關係也逐漸走入合作新局面。

近幾年與不二家在大陸合資設廠，他與公司同仁在找廠地、蓋廠房等過程中，秉持付出、包容的精神相待，但日本方卻很保守，以舊機器設備來投資，他也不計較，讓擁有專業技術的日資當大股東，成功地以「吃虧就是占便宜」的心態，讓工廠在第四年轉虧爲盈，成爲全中國第三大品牌，光棒棒糖一項產品就創造出一年新臺幣二十億的營業額；日資也在獲益後信心大增，第二廠房以全新設備投資，第三廠房也於二〇一七年完工。

投資成功，來自計畫周詳。陳萬旺提醒想創業的年輕人，作老闆一定要能站在高處思維；有朝一日，隨著事業成功，絆腳石一個個出現，像是打牌、賭博或喝花酒等，一定要堅定地回絕。

陳萬旺強調，自己能把持內心、不被誘惑的力量，來自「見識」與「不想失敗」。他在迪化街做店員的那段時期，看到很多小販做生意賺到錢後，說話音量變大、走路有風，卻因受不了誘惑，撐不了幾年光景就窮困潦倒。

「早早培養洞察先機的能力，主動爭取學習機會，機會來臨就能把握。」陳萬旺建議年輕人，將知識、學識轉爲膽識，「複製」、「吸收」好的經驗，以「減少」走冤枉路的機會。

陳萬旺以「運命」來建議大家，成功靠自己最好：「誠信待人，才會有貴人相助；行善積福，才能與更多人結好緣。」

美好生活的必要配備

撰文／李小珍．攝影／吳雪慧

畢卡索説：「商業，是最高明的藝術。」
建設公司董事長丁章權，
經常走訪海內外，「讀」他人的建築。
他想蓋出超乎客戶期待的好房子，
讓人擁有高品質的好生活。

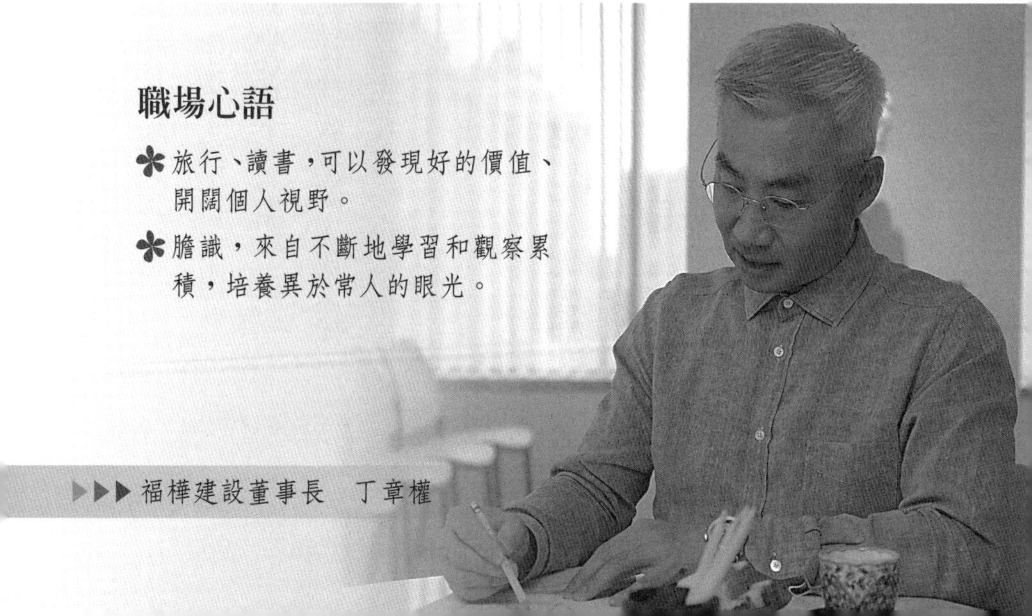

職場心語

- 旅行、讀書，可以發現好的價值、開闊個人視野。
- 膽識，來自不斷地學習和觀察累積，培養異於常人的眼光。

▶▶▶ 福樺建設董事長　丁章權

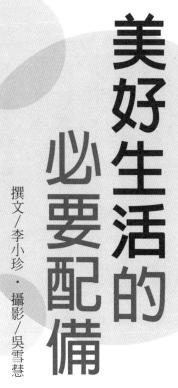

電梯扶搖而上，直達二十一樓，門一開，輕柔的音樂聲入耳。

左前方淡灰色牆面上，中英對照的「福樺建設」字樣十分顯目，由紅、白、灰三種不同形狀壓克力烤漆板組成的正方形LOGO，簡單明了。

丁章權解說：「紅色代表太陽，旭日東升；白色代表空間，灰色代表建築。這是擷取羅馬柱靠頂端的剖面圖——羅馬柱代表建築的起源，柱子代表建築精神。」

那是二十幾年前，丁章權創業時，對自己的期許。

走進玻璃大門，左手邊有桌椅可接待客人，潔白的牆面掛著大幅油畫；直走幾步是一間一間的工作小隔間，右轉到底的右手邊就是丁章權的辦公室。

長條型的空間，淡淡的米色調，辦公室面向外的空間爲會客用，視野開闊。丁章權在另一頭辦公，長條桌上有參考書籍，小幅框畫點綴牆面，都是他所喜愛、從各地收集來的素描。

書架上，證嚴法師的著作排列其中，《三十七助道品》、《藥師經》、《八大人覺經》、《無量義經講述》等。樸實典雅的灰色書皮——日本華紋紙，正灰色加熱後產生層次，呈現如布的纖維感，正是出自他的構想。一方樸實無華的安靜空間，是丁章權在此醞釀、思維理想「好宅」的所在。

坐在沙發椅上的丁章權，一頭華髮，比三分頭長些，外表高大帥氣。不染髮的原因很簡單——喜歡自然。在他身上，看不到西裝革履的束縛，白襯衫搭配白牛仔褲，腳踏布鞋，言談親切中肯，絲毫未顯董事長的架子。

他不是第一天就做到董事長。

剛開始，他幫人賣房子，從中古屋到新成屋，一批一批的，最後乾脆自己蓋。資金，來自他賣屋累積的人脈，十位股東中他最年輕，卻也是最辛苦；股東出錢，他出力。

做房地產近二十六年，不景氣時需要背負股東盈虧，又想兼顧自己

「蓋『好』建築」的理想，其間難免相互矛盾、衝突。丁章權回想當時：「我希望薄利多銷、做好售後服務，可是股東要看的是毛利和利潤。」

走到最後，只剩他一個人獨撐。「因爲毛利不多，辛苦又有風險，他們不一定要跟我一起走，卻仍是我的朋友。」

獨資的公司坐落於新北市林口。林口樹很多，像一座森林，取名「福樺建設」，是以辦喜事的心情來從事建築行業。

「樺，是樹木成林的意思；而買土地、開工典禮、上梁、交屋，新屋常有新人迎娶……這都是在辦喜事，『福樺』讓人感覺多麼有福氣。」丁章權說。

建築是「生活」產業

董事長要做什麼？面對提問，丁章權老實說：「就是負責公司一切事務，全包！」再說得具體些：「就是做定位和設計。一棟建築是要商業用、住宅用，或者是辦公大樓？要蓋高的、寬的？這些都要先確定，定位後開始設計。」

丁章權大學念的並非建築、土木科系，只因從小對建屋有興趣，於是走入建築界。

他家原是雞農，小學時建築商、開發商來到鄰近地區，挨家挨戶洽談合建事宜；最先蓋了三、四層樓的公寓，後來蓋到他家附近，工務所借用家中電話做聯繫，他常幫忙接聽，覺得好有趣。

「原來要蓋一棟房子，需要透過人與人之間一再地協商、一點一滴地開始建設，施工期間還不斷有人來工地看，有問題再溝通與協調……」那時他才小學五年級，整個過程卻在腦海裏留下很深刻的印象。

高中時，念的是機械工程，大學修的是企業管理，看似與建築一點關係都沒有，卻在日後很有用。

丁章權高中就讀臺北市立松山高級工農職業學校，與業界實行建教合作；那年他十六歲，經常利用課餘到工廠打工、學習車床。

「以前是師徒制，老師傅教、我學，就這樣半工半讀完成學業。」丁章權在工廠學會精準的３Ｄ繪圖，看圖、識圖也難不倒他，加上打工認識了很多人，與工人一起生活很習慣。

因爲對建築有興趣，他平時所聽、所看、所學，自然而然傾向於建築方面。他認爲「觀察」很重要，「建築是門綜合科學，日常生活的所有事物，都跟它有關。建築只是一個硬體，但觀察著重軟體，硬體是要成就軟體的。」

「譬如天氣很熱怎麼辦？」丁章權強調，設計時就要先思考氣候問題、了解日光模式，避暑、通風、節能等，這些都要透過觀察。

「太陽的軌跡是固定的，東起西落，因此面東房子要做出簷，減少太陽直射屋內的視角；若房子坐東朝西，屋簷就要更出來一點。」丁章權說明，臺灣夏天吹西南氣流，冬天吹東北季風，開窗、開門的方向也要配合大自然的物理現象。

「有些人雖懂得建築法令規章，卻不太懂得生活；建築是生活產業，必須知道如何生活，蓋出來的房子才能讓人住得愜意、自在。」丁章權表示，建築是知識的堆疊，但懂得生活的人文素養，卻需要靠觀察和興趣累積——旅行、讀書都是很好的方法。

丁章權猶記得第一次去義大利時，震撼於當地建築的高廣大器，但他也明白，欣賞別人的作品，最終還是要回歸自己的故鄉，蓋出適合本土的建築。

「一定要『多看』，否則無法發現好的價值或視野。」他勤跑各地，得知哪裏有出自世界級設計師之手的新飯店，就會花錢去住一、兩晚，把它「讀完」。

「去感受什麼叫作『光』，像百葉窗之所以美，在於它的間接光影，是一種明暗之間的變化，投射在天花板、地面，看上去很柔和、很美，那就是光的力量。」

再舉基督教、天主教教堂的聖光爲例，丁章權表示，瑞士籍建築師柯比意在法國建蓋廊香教堂，讓前來教堂的人，都會被光的神聖性震懾住。「那是一種設計，讓人感覺光似乎從天而降，一進教堂就心無雜念，一心虔誠。」

丁章權有兩個兒子，一個就讀大學三年級、另一個大一。從小到大，丁章權去哪裏都帶著兒子；孩子出門想坐車，他卻認爲走路是一種生活教育，從小養成孩子的習慣，跟爸爸出門就是要走路。

他始終強調「看」的重要性，「閱歷很重要，出國觀光要慢慢走、慢慢看，融入當地生活；讀他人的建築、生活、設計，所有細節都要看，就連廁所的設計、擺法，都要觀察。」就像練功夫，看久了、摸久了，自然而然能訓練出敏銳的觀察力。

一次住宿飯店，進房間、電燈才剛打開，兒子就說不好。丁章權說：

「人有五覺，從光線、味道、陳設比例，立即產生敏銳的知覺，這當然是因爲『看』了很多的原因。」

每當公司建案完成交屋後，丁章權會舉辦員工旅遊，觀光兼觀察。他帶員工觀看飯店建築外觀設計的優雅與美，體會建築內在設備的便利與舒適；讓員工學習被服務、學習美感，拓展視野。回過頭來，不僅能歷練出縝密的思考、展現新穎創作，還能用自己親身體驗所學的來服務客人。

找到美與舒適的平衡

除了走訪各地觀察體會，只要知道哪裏有相關課程，丁章權再遠都願意去聆聽。

曾經在知名室內設計師關傳雍的課中，聽他說：「你們都覺得我的設計圖畫得好棒，但那其實是美國人現在的生活方式……」

丁章權認同關設計師所表達的文化落差，希望國內民眾也有機會擁有高品質的生活，因此公司的每一個建案，都朝生活化的方向設計。

林口是臺地，風大、潮溼等地理條件，很多人都不看好這裏的居住品質，但從小在林口長大的丁章權，了解當地的「微氣候」，因此所推出的建案能克服這些問題。

「準備工作很重要。希望房子讓人住起來舒適，風向、光影、溫度的變化，都要實際去體會。」丁章權拿出一黑一白兩塊大理石，放在窗口讓陽光照射，一段時間後，用手去感受溫度的差異，「溫度，對建築物的舒適度有很大的影響；臺灣夏天氣候溼熱，能降溫的建材是很受歡迎的。」

丁章權認爲，建築的一切都是設計來的。例如，房子與房子之間若貼得太近，風吹不進來，又悶又熱會讓人昏沈。「就如在沙漠曠野，如果有一棵樹可供遮蔭，溫度相同，有陰影和沒陰影，體感不一樣。」

「要解決悶熱的問題，就要讓空氣流通；空氣一流通，人就舒服了。」丁章權分析，設計建案時，拉大棟距可增加空氣流通；倘若是已經成形的建築物，「用風扇送涼風入內，藉抽風將熱氣抽離，就會舒服一點。」

以東南亞國家爲因應熱帶氣候所設計的長屋爲例，丁章權表示，長屋有長廊，屋簷寬一點，並不影響容積，卻可以擋住陽光，讓室內通風涼快；又如學校教室外都留有寬廣的走廊，學生下課才好活動。「在法令的框架內，做一些細微的變化，滿足人們生活需求，這就是用心的設計。」

丁章權認爲，建築物設計要想得長遠，不能只看外觀或是當下覺得很美就好；尤其是大眾集會的場所，更要考慮光線、通風、行走方便；若建築物很高，就要有寬廣、容量大的電梯，也可以做些緩坡，方便年紀大或行動不便者行走，避免高高低低的坡道與階梯阻礙行進。

若房子西晒，也可以透過設計來解決，例如：雨遮透出去一點、窗凹進來一點，梁柱露出去一點，夏天時屋內就不會像是個大鍋爐。「消費者不懂得這些，若建築師與營建商，在設計之初能發揮專業，在採光、通風與建築美感之間找出平衡點，就可以避免這些狀況發生。」

建築的一切均始於「設計」。丁章權認為，設計需全盤考量，不能只考慮單點；清潔衛生、光線明亮、溫度合宜、通風良好，這些都是現代生活的基本需求。

除此之外，建屋必定要先有地，買地就如買原石，「剖出來是值錢的翡翠，或是普通石頭，需要賭一賭運氣，這就是膽識。」

膽識，來自不斷的學習和觀察累積經驗，才能有異於常人的眼光。丁章權說了一段故事——曾經有人問雕塑家米開朗基羅，如何能把獅子雕得栩栩如生？米開朗基羅告訴對方：「我沒有雕一頭獅子，我只是把牠身上的石頭剝開而已，獅子本來就在裏面。」

「很傳神吧！」丁章權強調，從事建築也一樣，要能洞悉土地的本性；悟出它的本性後，只是剝、剝、剝，剝出它原來的樣子而已。

工地裏的董事長

「一個完美的設計，需要有多一點人參與，以各種不同的角度群策群力、取得最大公約數。」丁章權對於每一個建案都有很多新點子、新想法；雖然身爲董事長，遇到意見不同時，如何讓人接受自己的想法？他的經驗是：「待之以禮，述之於理，誠心地提出個人淺見，相信意見會被聽進去。」

「當對方不願聽自己所說的話，或是不願接受構思已久的藍圖，就要耐心去解說與分析，進而感染他們、說服他們。」丁章權認爲，能注意到團隊的需求、說到他們的心理深處，相信就會有共鳴。

「一件衣服完成後，不合身還可以修改，但是一棟建築落成後才要修改設計，連帶將會造成很大的困擾，因此初始的意見整合很重要，這就是董事長的責任。」

建築事務繁瑣，丁章權強調，擔任董事長要有遠見，還要耐煩，「要看到別人所看不到的，本來應該是一隻獅子，千萬別變成小狗。」

「一棟建築建蓋起來，可能會存在五十年、一百年或是更久，無論醜與美，它就是在那裏了。」丁章權認為，蓋房子像比賽，輸贏只有一次，展演機會也只有一次，要盡量做到好，不讓自己後悔。

「生意人不得不講究營利，但是寧願少賺一點，也不能因為房子蓋不好而自責一輩子；因此在設計階段就要傾聽各方意見，再針對可能的疏忽進行提醒。」

丁章權總是勤跑工地，在設計與實作還沒誤差太多時，就及時修改、避免差距；「有時設計圖畫得出來，卻不一定做得出來，必要時，得不斷去解釋與溝通。」

「我們要的是結果，但達成結果的方法有很多，材料、費用、時間等的節省，都可以靠討論來解決。」

他所經手的每一棟建築，至少要召開上千次會議。「把圖拿出來，一條線、一個細節、一扇門、一扇窗、一個水龍頭，通通都要經過討論，做不好就要求敲掉重來。雖說利潤少一些，但因爲房子蓋得好，設計得很理想，我們的銷售與入住率都很高。」丁章權自豪地說。

每天住在藝術品裏

丁章權年紀很輕，卻很喜歡書法，在他新蓋的好宅，有筆墨紙硯供人揮毫，他自己有空，也會揮毫書寫；他買了很多書，提供給公司建蓋的社區輪換閱讀，他希望大家多讀書。他還提供藝術品、繪畫、雕刻等物品，讓空間是活動的、新鮮的、有趣的，營造一個讓人想停留的環境……

丁章權就住在自己公司所建蓋的建築裏，每天進出其中，面對客戶的聲音，獲得許多「讚美」與「感謝」，只因他的建築超過居民的期待。

在他們所建蓋的每一棟住宅，都有人造小溪或瀑布，面對逐年上升的夏季高溫，這些都能帶來一絲涼意；有一棟建築前面種了一整排櫻花樹，每到櫻花綻放的季節，駐足觀賞的行人絡繹不絕。

畢卡索曾說：「商業，是最高明的藝術。」而建築，也與雕刻、繪畫、文學、舞蹈，戲劇、音樂、美術並列，成爲八大藝術之一。在歐洲，建築屬藝術學科，米開郎基羅、達文西等人都是藝術家，也是建築師。

丁章權是生意人，他希望用商業手法，讓建築到達藝術層次。他坦誠，目前所做的，距離理想還很遠，他理想中的建築，是永恆的、與時俱進的。

「建築是結合大自然的生活產業。有硬體的建築，也要有軟性的配備。」對於有心進入建築領域的學子，他建議對美的事物要有欣賞與感受的能力。

「若對花草樹木，咖啡、茶道，閱讀、音樂、運動等都沒興趣，心中只想蓋一間可遮風蔽雨的屋子，就會失去建築的本意。」

身爲慈濟志工，丁章權經常跟著資深的建築委員們，前往視察進行中的慈濟建築工程，或驗收援建學校的「減災工程」。

「我踏入建築業，並不是從工地主任做起，漏掉最扎實的基本工階段，現在有機會從前輩身上學習，觀察綁鋼筋、釘模板等扎實的基本工法，向結構技師虛心地求教……受益良多。」

一切的學習，都是爲了將房子如期蓋好、得到蓋出好房子的肯定。「肯定，不是自我感覺良好；自由市場會給予肯定，客戶的口碑會讓我覺得，長久以來的辛苦與努力，都是値得的。」

創立屬於自己的品牌

撰文／洪綺伶．攝影／許登蘭

從事國際貿易逾四十年，蔡惠新每天讀報了解經濟與市場動態，把力氣放在對的地方。談起創業三十年屹立不搖的關鍵，她認為是「聚焦」——心無旁騖、專心地將客人的事情做到最好。

職場心語

- 選定行業後，不輕易跳槽，待久就會有重量。
- 成功有時來自瞬間心念；有好膽識，還要讓感恩心成為生活習慣。
- 創業前一定要先了解危機，有本事避掉風險，就可以大膽創業。

▶▶▶ 優織隆企業有限公司負責人　蔡惠新

故事要從一九七四年說起，蔡惠新大學畢業後，因爲愛漂亮，所以選擇可以穿得美美、坐在辦公室吹冷氣的貿易工作。

當時適逢臺灣紡織業蓬勃發展，每年爲國家創造高額外匯收入，蔡惠新認定紡織品貿易是值得永續經營的行業，憑著優異成績接受學校推薦，畢業後到紡織品貿易公司工作。

走進臺北汐止科學園區辦公大樓，位於第二十五樓的ＵＫＬ（優織隆）企業品牌閃爍著耀眼光芒。蔡惠新從一個代理商職員蛻變成跨國企業老闆，累積四十多年國際貿易經驗，堅守在針織毛衣區塊；只要提起毛衣，客戶就會想到她。

創業三十年，卻還能屹立不搖，蔡惠新分享，關鍵在於「聚焦」，「選定一個行業，不能亂跳，待久就有重量。」

臺灣在一九九〇年代以後，國際貿易逐漸蕭條，新臺幣升值、勞工成本上漲，許多紡織大廠外移東南亞，紡織業被視爲夕陽工業……然而，優織隆卻反而逆勢成長成爲專業出口貿易商，二〇〇一年更榮獲沃爾瑪公司（Wal-Mart Stores, Inc.）全球最佳供應商殊榮；最近廣受年輕人喜愛的加拿大品牌ROOTS，也是由優織隆代理。

談起專業，蔡惠新精神都來了。「聚焦，不代表走向偏狹，代表知道客戶是誰、市場在哪裏，所做的事情都是爲了他們，確保沒有分心。這是非常有價值的事！」

「國際貿易，是不同國家地區之間商品、服務和生產要素交換的活動。主要在協助客人找到物美價廉的產品，讓全世界都能享受到適合的商品和服務。」

蔡惠新認爲，從事國際貿易，需不斷充實財經知識，因此她每天讀報了解各國財經現況，藉此預測未來兩季的市場動向，「把力量放在對的地方，才不致白費力氣。」

不認輸的工作信念

談到童年的歡樂時光，蔡惠新笑聲連連，話匣子關不住。「我爸爸很喜歡閱讀財經新聞，每天在家門口對面的樹下讀報，看完後不管我們聽得懂或聽不懂，他都要講。」蔡惠新笑著說，在父親的薰陶下，她初中時就會留意《經濟日報》的「李國鼎專欄」，對經濟產生濃厚興趣。

從小深受父母兄長疼愛的蔡惠新，是家中唯一小學畢業後繼續升學的孩子。不識字的母親對她有深切的期望，她也不負眾望，認真念書考上專科學校，並以第一名成績畢業。

但進入社會，她才發現學校教的和工作需要有落差。「學校教概念，工作上需要信念，就是：不認輸！」

老闆教蔡惠新看信用狀，一次學不會，第二次她專注記下老闆最在意的條文，了解出口文件需留意哪幾個重點，從中學到了風險控管。「如果沒有注意條款，這筆貨出去，客人可能不付錢喔！」

「老闆爲什麼會成功？爲什麼他會當老闆、我是他的員工？」蔡惠新前後遇過三個老闆，成功的型態各不相同，她記得很清楚：「其中一個對員工很兇，但是對供應商滿好的。有工廠支持，生意才能好好做下去。」

「有一位老闆很會算成本，接下訂單後，鑽研如何買到最便宜的紗線、哪邊有最便宜的『工繳』，也就是產品加工費用；一路掌控成本，半年出完貨就能有一年的收益。」

「不講信用的老闆最可惡！」蔡惠新到現在還放在心裏，「老闆答應給工廠紡織品配額的使用，沒料到臨出貨前配額價格飆漲，老闆爲了賺取更高的配額價差，轉手將配額賣給別人。」

二〇〇五年以前，紡織品出口暢旺，輸往美國、歐洲、加拿大的紡織品，沒有配額是出不了貨的，那家代工廠無法負擔整整兩千打，每打十六美元、近百萬新臺幣的額外成本，在銀行融資門檻受限下，只能宣告倒閉。

「遇到不對的人就是這麼慘啊！」蔡惠新在就業過程裏，看到了好人與壞人、成功與失敗，讓她很用心地研究，要找到對的人，才能有好的出路。

避掉危機，大膽創業

蔡惠新勤快的工作態度，很快得到老闆的賞識和信任。當時臺灣傳統產業發達，吸引很多外國人到臺灣下單採購；蔡惠新清楚國際貿易常識，積極熱情、勇於創新，語言能力又強，獲得客戶青睞。

「這個 Judy 滿可靠的。事情交代了，會有頭有尾地做好。」蔡惠新認真的形象深植客戶腦中，很快地幫老闆賺進更多利潤，卻因此造成老闆誤解，擔心她會帶走客戶，不得不請她離職。

「可能是我太突出了，讓老闆心不安。沒想到做得太好也會丟工作！」蔡惠新自我調侃。

儘管如此，她還是很感恩這位老闆，讓她有機會創造屬於自己的事業。「我會走上公司經營，也是因爲家裏是做生意的。媽媽是家庭工廠廠長，工作非常勤奮。」

基於從小的耳濡目染，蔡惠新看好紡織業的榮景，腦中醞釀已久的創業念頭於焉成熟。她翻查通訊錄聯繫可能協助自己的人，一封來自加拿大的傳眞，給了她莫大的鼓勵和信心。

一九八七年冬季，她帶著客人指定的樣本飛到加拿大，走進一片銀白色雪景裏，單槍匹馬踏上創業之路。

踩在雪地上，矮跟鞋冷不防地陷入鬆動的雪堆裏，整隻腳拉出來都是冰；打開車門，一坐下去就好像坐在堅硬的石頭上，原來車子的坐墊也都結冰……眼前這片未知的環境，就像創業之路深不可測，所幸皮包中的八張訂單，給了她莫大的信心。

客戶的支持，讓蔡惠新心中生起一股暖流。回國後，她獨資創立專業紡織品出口貿易公司「優織隆」。

「既然選擇創業，一定要成功，不准失敗！」蔡惠新認爲，創業前一定要先把危機全部攤在面前，「有本事避掉危機，就可以大膽創業！」

她細數創業必須克服的風險：「對產品的深入，有內行嗎？產品的好壞，看得懂嗎？知道後援在哪邊嗎？如產地的後援、經濟的後援等。」

過去十多年的國際貿易經驗，蔡惠新深入鑽研針織毛衣產品，雖是受雇職員，但除了做好分內工作，她亦仔細觀察產業動態，心中常問「爲什麼」，始終留意著路要怎麼走才不會跌倒。

她與工廠維持良好互動、擁有工廠的資源，創業時對產地的後援很有把握；而經營不同事業的九位兄姊，除了是她精神上的支柱，更是經濟的後盾；有了這些條件，她心裏多了一分篤定。

結好緣，就有貴人助

從加拿大帶回的八張訂單，開啓蔡惠新的創業之路；客戶「瑞門」

則是這條創業路上的貴人。

瑞門是國外進口商的總經理，他帶蔡惠新去認識所管轄的各部門同仁，「以後臺灣的生意，就是給她做。」就這樣順利開始蔡惠新事業的起步。

蔡惠新廣結善緣，總能和客戶成爲好朋友。每一個進口商客戶公司裏，幾乎都有她熟悉的朋友；在商場如戰場的交易中，必要時互通訊息，就能確保交易的穩定性。

瑞門花費重金買下三個品牌代理權，卻因賠錢而在三年後轉賣品牌；「他本身沒有做好，卻把我後面的生意都安排好了，讓我能持續擁有全亞洲的代理權。」

「這生意是撿來的！」蔡惠新以爽朗笑聲說：「貴人眞的很重要！」

貴人還包括品牌的設計師，他們來臺灣和蔡惠新討論設計圖、打樣，以利後續產品開發、生產。兩三年後，設計師們換公司，也將蔡惠新介紹給新公司，生意就這樣源源不絕，也讓蔡惠新接觸現今最大的客戶——ROOTS品牌。

「守住原則，持續跑在對的軌道上，一點點的投機取巧都不可以！」蔡惠新信守原則，就像她所敬仰的證嚴法師始終強調守戒律一樣。「不對的千萬不要碰，不能有僥倖心理，才能安全度過一年又一年；機會來時，就有翻升的機會。」

猶然記得一天早上，公司傳真機傳來令人震驚的訊息——某某公司宣布破產！所幸，新出的貨還在海運中，蔡惠新親自到加拿大領取這些貨，並在當地賣掉，沒有損失；曾經有客戶倒帳，許多同業受到波及，蔡惠新卻幸運地全身而退，在缺乏徵信機制的時代，蔡惠新只能將它歸於幸運。

蔡惠新深信：「行善種福田，有時真能帶來好福氣！」

創新，可以事半功倍

品牌是商業符號，也就是商標，不僅是品質優異的識別標誌，更是一種價值理念、精神象徵。成功企業家品牌，來自個人品牌的延伸，要如何培養個人品牌？蔡惠新分享四十多年來的經驗。

「第一是續航力，就像跑馬拉松，選定行業後要一門深入，從人事物中不斷累積寶貴經驗；第二是眞誠力，除了專業新知還要廣結善緣。」

「再來，是行動力和魄力！」蔡惠新強調，商場如戰場，成功與否，有時來自瞬間的心念，「要有好膽識，更要讓感恩心成爲生活習慣；日日省思，心澈明朗，自然會照見是是非非，這些都是成敗關鍵。」

現今網路交易盛行，實體市場逐漸萎縮，過去榮景已然消失。蔡惠新認爲，另闢市場找生路，是必要的策略。

「經營事業不可能一帆風順，大約三成五到四成的比例有獲利，其他時候是辛苦的。」蔡惠新解釋，「所謂辛苦，是能夠打平就不錯了！」

「用什麼方式做事，可以事半功倍？那就是創新！」蔡惠新說，創新包括有形產品的創新，無形做事方法的創新，以及經營方式的創新。

「創新要能永續，該保有的是『產品力』、『競爭力』以及『聚焦力』。這都只是一個方法、一個觀念而已。」

商場上沒有永遠的客戶，蔡惠新說，市場隨著自由經濟在轉，競爭者眾多，產品力是經營者必須聚焦的重點。「我就是毛衣很強，所有毛衣市場的客人，都會找上我。」

至於競爭力，蔡惠新說明，過去紡織品製造業產地都設在臺灣，而後臺灣工資高漲、成本疊高，只好將產地轉往大陸、印尼、柬埔寨、越南等免稅區；替客人省下進口稅，就是一種競爭力。

「做事方法也要聚焦。」蔡惠新堅持，公司面對每一個客人，都要心無旁騖、專心地將客人的事情做好。

「要把客戶當朋友，讓人有貼心的感覺。負責任、守承諾，讓客戶放心託付採購事宜；客戶滿意、進而轉介新客戶，生意源源不絕，這就是完美的服務。」

蔡惠新也將「聚焦」運用在公司管理上，訓練員工獨立作業，「任務清楚、凡事簡化、有頭有尾，這就是領導的創新。」

二〇〇〇年受證慈濟委員後，蔡惠新持續不間斷地參加慈濟讀書會，讓心靈紓壓、補給能量。她期待同仁在工作、心靈上也都能有所提升，因此常將慈濟人文融入公司團隊。

在公司裏，無論是辦公室、會議室，或是同仁的薪資條上，都能看到「靜思語」，就連山東、上海、東莞、越南、柬埔寨等海外辦公室，她也都堅持人文環境一致，並且鼓勵海內外同仁參與「靜思生活營」、參加慈濟人舉辦的讀書會，希望能以清淨的生活智慧，凝聚同仁的價值觀。

多把刷子，打造「個人品牌」

「網路無疆界，傳產又回來了！」蔡惠新說明，過往臺灣傳統產業曾出現斷層現象，但隨著虛擬網路打破疆界，無國界、分工式的經濟型態形成，也帶動實際的經濟體摒除國界限制。

柬協經濟體成員國柬埔寨，目前吸引很多國家前往投資；越南，則是個有文化的國家，居住環境舒適、物價低廉，有利投資。蔡惠新奉勸年輕人努力充實自我、加強語言能力，「英語是最基本的，還可多學習柬語、越語等。」

再者是專業訓練的培養。蔡惠新表示，經濟部國貿局與外貿協會合辦有短期三個月的國際貿易人才培養班，傳授國際貿易常識、工具的使用，以及銀行、信用狀等專業知識的養成；還可以透過政府機構網站如經濟部國貿局、紡拓會等，了解紡織行業最新動向。

「不要以爲紡織品過時了，臺灣擁有絕佳的紡織技術，在世界占有一席之地。剛加入職場或正在應徵工作的年輕學子，千萬不要嫌薪水少，或是抗拒外派大陸或東南亞，多出國開拓視野，就能增加國際觀。」

蔡惠新建議大家要多讀歷史，「無論跟哪一個國家的人民做生意，都要懂得當地的民族文化。如歐洲人比較傳統，美國人比較功利，但個性非黑即白，規則清楚簡單。能夠知己知彼，就能百戰百勝。」

「中華民國護照很好用，到很多地方都不用簽證。」蔡惠新指出臺灣的優勢，鼓勵大學生能提早接觸想從事的行業，到海外當交換學生或是當志工都好。

「機會到處都有，年輕就是本錢，要趕快飛，到處飛！」蔡惠新鼓勵有志從事國際貿易的年輕人，多多爭取出國參展甚至外派，提早到東南亞國家卡位、學習、交朋友；時間一久，累積出經驗與磨練，就會有重量；廣結善緣、建立人脈，國際貿易會愈做愈得心應手。

微軟前營運長赫柏德曾分享，讓公司保持顛峰的五個工作習慣：

一、隨時校正「目標」，隨時調整、改正錯誤，不致一錯再錯。

二、鼓勵員工觀察、提出改善方法，成爲彼此的善知識。

三、不強調成功，只爲創新歡呼。

四、別過度信賴教育訓練，主動去學習。

五、保護創意團隊不被干擾，可以設計出更好的產品。

「臺灣的學校教育訓練扎實，學生也很優秀，只是欠缺表達能力。」蔡惠新鼓勵大學生多練習上臺分享、累積實力；還要加強語言能力，擁有國際觀。

「要秉持駱駝般的耐力，努力吸收新知、豐富專業知識；以不斷創新的能量，永續開拓個人國際視野，培養專業、熱忱的個人形象。」蔡惠新肯定地說：「多學習、擁有很多把刷子，才能因應社會需求，打造出卓越的個人品牌。」

把每件事都當成第一志願

撰文／劉對．相片提供／劉夢萍

儘管不是人生「第一志願」，劉夢萍在複雜險惡的社會裏執法，她認真學習、勇於接受挑戰，打擊犯罪、保護被害人，為人生交出亮麗成績單。

職場心語

- 勇於接受挑戰，不排斥新事物；學習愈多，成長也愈快。
- 把職業當成使命，積極付出就會樂在工作。

▶▶▶ 退休女警官　劉夢萍

「那一年，我剛從高中畢業，同時考上輔仁大學及警察學校……」從事警務工作三十三年，劉夢萍回憶年少的自己，是個不食人間煙火的瘦弱女孩；愛好文學的她，一心嚮往多采多姿的大學新鮮人生活，「會去考警校，是爲了應付父親的要求……」

少女劉夢萍，體重僅有四十六公斤，複檢時她硬是吃了好多東西，還在衣服口袋裏裝些銅板，才勉強增加一公斤。警員班錄取率低，除了學科要求，體能更爲重要，身形單薄的她，沒想到竟因表現優異而獲得教育長破格錄取。

雖然錄取，卻興趣缺缺。爸爸苦心相勸：「警察學校免繳學雜費，食宿及日常用品全免。」但她想到警察工作要二十四小時待命，而且一輩子得穿制服上班，覺得意興闌珊，堅持就讀輔大，父女因此三天不說話。

大學新生報到的日子近了，父親終於妥協，向親友借貸，親自從花蓮送劉夢萍到輔大報到。繳過學費、完成註冊後，在火車站望著父親離去的背影，一股酸楚湧上劉夢萍的心頭，「父親從大陸撤退來臺，在部落裏當警察，以微薄薪俸養活一家人。他一生勞苦，供給五個孩子就讀大學，龐大的學費壓駝了本來硬挺的身子……」

送別的瞬間，劉夢萍紅了眼眶，當下改變主意，對著身旁的姊姊說：「也許應該先去警校看看。」轉身走出車站，看見一輛警校交通車就停在不遠處，那是來迎接新生報到的專車，她們就這樣上了車，轉入人生另一個里程碑。

骨子裏的「俠女」性格

到了警校，才知道需要有對保人，還要作身家調查，才能完成報到手續。劉夢萍什麼都沒準備，幸好父親警界朋友多，臨時請到兩位叔叔作保。

完成報到後，劉夢萍被帶去剪短髮，領制服、襪子及一些日常用品，「第一天就開始操練，立正、稍息、向左轉、向後轉……」

「爸爸！今天我去警校，就出不來了！」長達一個月的新生訓練，就在報到這天開始，劉夢萍打電話回家，爸爸高興地送她「敬業樂群」四個字，多年來她一直奉爲圭臬。

一年的警員班很快就畢業了，除了基礎專業科目、法學常識，還要學習柔道、擒拿術，這對劉夢萍而言非常具有吸引力，「在警校學到很多知識及才藝，我發現自己滿喜歡警察工作的。」原來，她的骨子裏本具俠女性格。

劉夢萍如願分發到臺北三重擔任交通警察，因爲交警工作單純、不必值夜班，可以圓她到輔大念夜校的夢想。

穿起警察制服，英姿颯爽。劉夢萍每天騎著純白色、上面印有「臺北縣警察局交通警察分隊」幾個大字的偉士牌機車，來到中興橋頭指揮交通；頂著大太陽維護秩序，吹著哨子攔下違規駕駛，她通常只是跺跺腳訓斥幾句就放人，不太會開罰單。那年，她未滿二十歲。

「以前的人比較純樸善良，不太會嗆警察，但也有例外。」有一次，一位騎士在慢車道違規左轉，劉夢萍將他攔下，發現是個喝醉酒的壯漢，不但不服取締，還大聲咆哮謾罵，作勢要摘下劉夢萍的帽子……

醉漢粗魯的舉動，讓剛畢業不久的劉夢萍很受挫，只好透過無線電呼叫，請學長立刻趕來將他帶走。

如此辛苦地半工半讀，劉夢萍甘之如飴，但後來卻因新任長官不支持，一年多後劉夢萍只好自輔大輟學，之後請調到永和分局，局裏女警只有五、六位，偶爾才需要支援外勤，且爲了安全通常會有男警同行。

「雖然負責內勤業務，但即使下班回家也要隨時待命，手機二十四小時不能關機。」劉夢萍說，若遇性侵害案件，凌晨兩、三點也要馬上趕往派出所或醫院，陪伴被害人做筆錄；過年需要值班，好幾年才輪到一次休假，好處是避開返鄉人群、不會塞車。

工作時間長，相對薪俸很高，比起爸爸當年的薪水不可同日而語。

結婚時，她跟先生開玩笑說：「我的薪水就是很好的嫁妝。」

保護被害，堅持良心工作

「記得那是一九八二年，因爲車輛查贓作業警政電腦系統建立，舉辦一場全國性的『順風專案』。」劉夢萍參與車號輸入速度比賽，獲得全國第一而記功，當時的風光讓她印象深刻。

「在勤務中心那段時間，編制上沒有主管，我就是學姊兼小主管。」劉夢萍謙虛地說，學弟們都很優秀，每天輪流接聽民眾舉發電話，再由她通報外勤員警處理。

「電話內容五花八門，鄰居太吵、車輛擋住門口、雞飛、狗跳、鳥叫，什麼問題都有……」身爲人民保母，有時明知來電者精神異常，也要耐心聽完陳述、一一受理，讓民眾安心。

「當警察，是接觸『人性』的工作。」劉夢萍發現，警察雖然經常得從事取締及干預工作，但是執法能防止災難發生，她覺得很有使命感；個性喜好打抱不平的她，看到被害人受到保護，心裏覺得很踏實。

除了執勤，速記和文筆也是她所擅長的，每日晚報會議結束，她的會議紀錄也同步完成，「歷任分局長都對我很好，可能是因爲我工作認眞吧！」一九九〇年，劉夢萍因爲積分優異被升任巡佐，調往新店分局督察組接掌人事職務。

當時新店分局有二十五個派出所、兩個檢察哨，加上內勤共有三十四個單位、三百多位員警，辦理人事業務必須很清楚每個派出所勤區的編號。劉夢萍負責「任免」及「獎懲」，傑出表現有目共睹。

「警察每辦一個案子就能敘獎、找到五部失車記嘉獎，而出勤遲到十分鐘則要記申誡；警員的調動也很頻繁，不適任警勤區或請調者，經常要開人評會；公文量又很多，可以說是一人承擔三人工作量……」

劉夢萍認爲，業務愈多學習愈多，自己也會跟著成長，因此她樂於挑戰新業務，遇有不懂的地方就翻閱法規、查資料，或請教資深學長，案件愈複雜，能力愈增強。

在新店分局服務了五年，終於有機會調回住家附近的永和分局承辦人事業務，她在學妹的再三鼓舞下，報名參加中央警官學校警佐班考試。二〇〇二年如願考上後，隔年直升巡官，調到行政組辦理公關業務，除了撰寫新聞稿，還要負責每日重大輿情處理Q&A，讓她學習到與媒體應對的方法，也常在分局活動中擔任司儀，練就主持功力和臺風。

「勇於接受挑戰，不要原地踏步。」這是劉夢萍的座右銘，她說：「很多業務都是良心工作，要做得好必須付出相當的心力；若要混日子，只要降低標準一樣可以過去，但那等於白活了。」

爲民服務，好事天天做

劉夢萍以爲，當警察只要做好分內事，就是功德一件。有一天，她去醫院探望一位車禍腦死的員警，遇到慈濟志工也來關懷，聽他們說：「警察是好事天天做，慈濟人則是天天找好事做。」這樣的肯定，讓她想起，有一回新北市山區發生土石流災情，轄區派出所接獲報案，全員出動協助救災；當他們結束勤務返回後，發現派出所幾乎被土石流掩蓋，大家當下都慶幸自己本著搶救民眾的服務熱忱而救災，倘若稍有遲疑，或許全員都難以倖免於難。

這讓劉夢萍更加確認，警察工作是志業、是使命，「調整心態就會樂於工作，和每一個來報案的人結好緣、積極為民服務；做好事又有錢領，眞是有福之人。」

現今，因爲警察考試取消男女比率限制，女警愈來愈多，劉夢萍卻以爲，男警居多有其必要性：「犯罪人口多數是男性，有些女警較難駕馭。」

她還記得自己第一次抓賭經驗——民眾檢舉福和橋下有人聚賭，督察組組長率領員警著便衣突擊，賭客一時鳥獸散。員警分頭追拿，劉夢萍追到一名壯漢，兩人互抓一手，眼看自己無法力敵，只能智取，她用辦法卻還是讓他逃跑，最後是和男警合力，才將他扭送派出所。

說話輕柔的劉夢萍，抓壞人可不手軟。有一次，在市場裏抓一個偷手飾的女賊，現場搜遍全身找不到證物，於是帶回派出所；她將女賊壓在地上，從股溝間搜出一枚戒指。

「不要以爲女警都很優雅，辦起案來也會很粗魯的。」劉夢萍自嘲工作情形，也勉勵女警們一定要團結，「要認眞做事，不要被當作花瓶看待。」

身爲女警官，她對屬下只有鼓勵，很少處罰，「如果他們做錯事，就要做一件善事來彌補，以誠正信實的態度來回饋。」

家庭暴力，終止惡性循環

官校畢業不到七年，劉夢萍又升了一顆星，調升到人口稠密、事件也相對繁多的中和分局當警務員。「這是專門找員警麻煩的工作，是我從警生涯中，最不快樂的時刻。」

每天監督、查勤員警上班是否遲到早退、進退行儀是否得體、是否違反勤務紀律；若有民眾檢舉員警瀆職、態度欠佳或有違紀情形，她就要召集雙方討論，分析案情寫報告、進行後續處理……在在都讓她感覺吃力不討好。

那段期間，劉夢萍度日如年，尤其代理組長期間，每天都要批閱一大疊公文，半夜十二點到凌晨四點又要查勤，儘管身心俱疲仍要把事情做好，但壓力卻大到讓她快崩潰，只能不斷祈求菩薩：「我眞的不喜歡這個工作，請幫我換個環境吧！」

不久，機緣出現——劉夢萍被調到婦幼隊，負責辦理家庭防治暴力、性侵害防治與婦幼安全維護等業務。

人人避之唯恐不及，認爲是處理女人家務事的工作，劉夢萍卻視爲菩薩賜予的禮物。當時新北市家暴案件全國居冠，每月約有三千多件，劉夢萍獨自承辦三分之二，每天忙得像陀螺團團轉，卻樂在其中；她白認天生就是慈濟人，喜歡做好事幫助人，覺得這樣的人生才有趣。

當時，幾件重大家暴案件引起社會關注——一對離婚夫妻起爭執，先生當著兩個孩子的面，活活將太太打死，然後自殺；警察處理一起走失孩童案件，有人來認領就任其帶回，過不久孩子竟被打死，身上都是竹掃把打過的痕跡；還有一位婦人經常被同居人施暴，卻習以爲常，直到有一天下定決心離開時，卻在馬路上被殺死……

「家暴事件具有隱密性及高再犯性，甚至隨時間加劇，若未能及早發現被害人危險處境及介入處理，將有可能讓原本單純的家庭暴力，惡化成殺人的刑事案件。」劉夢萍身爲警察局總承辦人，總理十六個分局的案件，每個月要召集家防中心、醫院、學校、志工等各方人員與警察及專家學者開會、講習，研討維護被害人安全的方法。

「很多被害人身處險境卻不自知，因爲已經被打習慣了。」劉夢萍表示，員警受理家庭暴力案件時，要立即傳送家暴通報表給婦幼隊，檢視其危險評估分數；達八分以上案件，須馬上交由勤務分隊保護，實施複式訪查。

「有些人認爲太太是錢買的、餅換的，當然可以打。」劉夢萍忿忿不平地說，曾經有員警處理家暴案件，先生前來應門說沒事，門後卻藏著一把刀，幸好警察進屋發現了，「夫妻吵架，有時只要先生在場，太太都不敢吭聲……」

「很多家暴高峰期，發生在被害人申請保護令時；加害人覺得權利受威脅、無法再掌控被害人，就會在收到保護令前，再狠狠施暴一回。」

劉夢萍表示，一般申請保護令的法律程序，往往需要幾個月時間，對於高危險被害人，家防官會教他們申請暫時保護令，立即生效。

在許多家暴案件中，孩子們會模仿施暴者的行爲模式，具有影響社會治安隱憂，劉夢萍期待結合社會資源及公部門，正視孩子的後續追蹤輔導與協助。

「家庭暴力危險因子是加害人，但是家暴安全防護網卻以被害人安全爲主，提供庇護、安置、就業、法律諮詢等資源。」劉夢萍認爲，如果只是消極避開暴力環境，被害人最終仍可能會回到加害人身邊，暴力勢必惡性循環。

「只要加害人本身沒改變，被害人的危險就一直存在。」劉夢萍慨嘆：「除了公權力介入，還須有像慈濟這樣的團體，去引導加害人改變觀念與習氣，家庭生活才能步上正常軌道。」

訪視個案，退而不休

劉夢萍的人生堪稱是「勝利組」——先生體貼，兩個兒子乖巧上進，如今都已成家立業。熱愛警察工作的她，一直以爲自己可以做到六十五歲退休，直到有一天晚上加完班、騎車返家途中，煞車失靈、跌撞路旁護欄，她當下感覺自己「好可憐，工作量多、壓力大，手又痛得要命」，悲從中來大哭一場。

打電話跟先生哭訴，沒多久，先生帶著兩個兒子趕來，看到他們父子緊張的神情，劉夢萍覺得既安慰又慚愧。這麼多年來，自己把全部心力放在工作上，卻忽略了最親愛的家人，想想孩子很快就長大、結婚，再不把握時間相處，他們就要離家獨立了，當下決定退休。那年她才五十一歲。

先生本來是軍人，體諒她警察工作時間不固定，所以退役後報考土地代書，在家設置事務所，工作有彈性，時間較自由，夫妻相互協調配合，要讓孩子放學回家時，都有爸爸或媽媽等著開門。

從職場退下來，劉夢萍馬上投入慈濟志業，承擔訪視幹事，將所學致力在個案身上。第一個個案案主中風無法言語，因案被判拘留五天，案母傷心難過，志工也束手無措；劉夢萍了解案情後，代爲申請專案處理，免去勞役之災。

接著又花一年多時間，幫一位重病的女子打國際官司，爲她的孩子申請到中華民國國籍，讓女子不帶遺憾離開。劉夢萍欣慰地說：「我覺得這些個案好像都在等著我退休來處理，一切都是好因緣。」

劉夢萍也走入校園，透過實務與理論兼具的講座，分享女警生涯的經歷與女性自我保護之道。

一位女學生提問：「交男朋友時，如何判斷是否具有暴力傾向？」「很難光憑外表判斷對方是好人或是壞人，但是交往過程要有警覺性。」劉夢萍建議，觀察對方情緒是否穩定，盡量不要涉及金錢糾紛、不要有占便宜的心態，「很多命案都是因爲金錢糾紛引起的。」

劉夢萍提醒，一旦發現對方是「危險情人」，分手時應注意：循序漸進，避免刻意逃避激怒對方；分手時找友人沙盤推演，推測談判的可能狀況；建立支援系統，尋求親友或警察協助；約在公共場合談判，注意對方是否攜帶危險物品；若對方有危險舉動，應立即報警，切莫火上加油；分手後若對方持續騷擾、恐嚇，應提高警覺並報警……

當年順從父親的期盼投入警察工作，劉夢萍廉潔自持、堅守崗位，認眞做好本分事，直到最後退休的那一天。

三十三年來，面對各種不同案件與挑戰，看盡人性多元面向，她自認一路走來認眞踏實，也成爲很多人生命中的貴人，相信天上的父親看到了，一定會以她爲傲。

打從娘胎學做生意

撰文、攝影／曾修宜

「做生意要不斷地超越自己，
讓客户買到沒錢還高高興興、願意再來，
不是不可能的任務……」
母親親自指導做生意的撇步，
讓呂梅英明白創業的精神所在。

職場心語

- 出社會才是學習的開始，任何問題都是「老師」、都是成長的機會。
- 景氣再好也有人虧錢，景氣再差也是有人賺錢。不要怪大環境不好，要多用心。

進口服飾代理商　呂梅英

臺北火車站附近、承德路京站百貨公司，法國進口服飾專櫃 Cotélac，原木色系的裝潢，更顯燈光柔和，氣氛溫馨。衣飾雖來自法國，卻沒有想像中花俏豔麗，而是一般休閒款式，整個專櫃給人質樸親和的感覺。

專櫃老闆呂梅英身上穿著再平凡不過的白襯衫與牛仔褲，休閒中顯現幾分不凡的時尚感；她和專櫃行銷人員如姊妹般親切地招呼客人，介紹並建議她們該如何搭配穿著。

顧客是該品牌忠實客戶，每季定期前來採購所需衣飾。見呂梅英對店裏陳列的衣服瞭若指掌，幾番對話後，終於明白：「原來你是老闆喔！」

自稱是在衣服堆裏長大的呂梅英，除了代理法國品牌服飾在百貨公司設櫃銷售外，也在臺北華陰街設立公司，代理行銷國內數十位設計師的品牌服飾。

就是不會才要學

閩南語有句話說：「生意囝歹生！」做生意的本領，牽涉到人與人之間的互動和處理事情的技巧，鋩鋩角角、點點滴滴都是經驗累積，很難在學校學習，更沒有專業證照可以認證。

但是，上有兩位兄長，下有三個妹妹的呂梅英，可說是打從在媽媽肚子裏，就開始學做生意。

呂媽媽早年在臺北大稻埕開委託行，專賣舶來品，代理日本最高級的品牌，在服飾零售業頗有名氣。從呂梅英有記憶開始，每個孩子放學回到家就要幫店裏的忙，忙完了才去寫功課。

媽媽對她們姊妹要求很嚴格。舉凡做生意的大小事、家裏的雜務，每一樣都要學、每一樣都要做，沒做好會挨罵，甚至挨打。

呂梅英記得念中學時，一向負責跑銀行的爸爸有一天不在家，媽媽差遣她代替去銀行辦事，這可把她給嚇呆了。

「就是不會才要你去！所有問題都在嘴巴上，只要肯開口，問題就解決了。」呂梅英難敵媽媽的威嚴，只好硬著頭皮去，也順利地將事情辦好。

五十幾年前，沒有網路和信用卡，顧客都是帶著大把現金上門。一次，呂梅英高興地跟媽媽說，客人買了很多東西；得到的回答竟是：「你怎麼讓他剩錢回去？」下次這個客人再來時，呂梅英更認眞地介紹商品，讓她買到錢包空空，但媽媽還是不滿意：「唉！錢不夠，要讓她付訂金，下次一定會再來。」

這件事讓呂梅英感悟，做生意要不斷地超越自己，「讓客戶買到沒錢，還高高興興、願意下次再來，不是不可能的任務。」

「創業的精神點就在這裏。」呂梅英說，臺北服飾走在流行前端，在地賣了一陣子後，存貨到中南部還有市場。她二十歲出頭時，媽媽經常派她和妹妹呂秀英，帶著存貨到中南部販賣。白天，兩人沿路看到委託行就進去叫賣，晚上住親戚家；兩個女孩年紀輕輕就面對挑戰，勇敢地把存貨賣完才回家。

姊妹們的膽識，就在媽媽的嚴格訓練下，一次又一次歷練與成長。呂秀英說：「很多時候，不要怕嘗試陌生事務，面對壓力、克服它，就像拍球，用力壓球才會彈得高。」

「察言觀色」好功夫

在家幫忙賣衣服時，媽媽曾說：「幫客人挑過三件衣服，如果對方還不滿意，這筆生意肯定做不成了！」換句話說，顧客上門一定不可怠慢，要謹慎地把握機會，一旦客人滿意了，生意才做得成。

這讓呂梅英練就「察言觀色」的好功夫。顧客上門時，她一定仔細觀察來者的穿著打扮，從推薦客人第一件衣服時，就仔細聆聽對方評語，了解他的偏好，在內心惦算調整後再推薦下一件，一定要讓顧客滿意。「當時都是戰戰競競的，努力在最短時間內抓住客人的心，讓生意做成。」

呂梅英就讀實踐家專服裝設計科，在校表現不錯；畢業後進入服裝設計公司，卻只上了三天班就回家了——媽媽要求她幫忙家裏的生意，「你可以幫忙的也只有這幾年，將來嫁人後就不知道了！」

在家裏不是當服裝設計師，而是賣舶來品。呂梅英聽從媽媽的話，跟在身邊學習，也陪著到日本訂貨；日後她自行創業時，已具備無畏的勇猛與毅力。

除了媽媽的調教，還有來自於爸爸的人格教育。呂梅英說：「開支票時，即使是一塊錢也不能漏開，因爲它代表一個人的人格，做生意不能偷斤減兩。」

呂梅英剛上大學時，很多高中同學已進入就業市場，不少人來找她「跟會」，結果被倒兩千元！在那年代，兩千元對一個還在學校讀書的小女生而言，實是一筆大數目。結果，爸爸竟然跟她說：「恭喜你！現在被倒小錢，將來才不會被倒大錢。」

爸爸告訴她，被倒會不要抱怨，要記取教訓。做生意三件事要記得：

不招會、不借貸、不作保。

呂梅英感恩父母親給予大方向的觀念後，再放手讓她們一次又一次地去歷練，訓練她們做事情的膽識，點滴成長做生意的資糧。

任何問題都是「老師」

一九八〇年，呂梅英大學畢業隔年，臺北市政府舉辦一場天鵝湖芭蕾舞劇和茶花女歌劇演出，委託實踐家專的老師找人製作劇服。呂梅英和妹妹呂秀英，再找另一位同學，三個年紀輕輕的小女生大膽承包製作。過程中很多細節是學校沒教的，「比如舞裙需有七層紗布撐起來，該怎麼撐起才有效果？飾演王子的舞者穿著長袖舞衣，舉起手時，舞衣不能跟著從長褲裏拉出……」學校教的是基本功，實務製作時所面對的林林總總問題，她們或是請教老師，或是自己研究，想辦法一一克服。

這項承包工作總共賺得新臺幣三十萬元，在當時是一筆很大的數字。

呂梅英說，「這是我這輩子眞正靠自己能力賺到的第一筆錢，想想實在很有膽識，敢去接下這樣的工作。」

不過，她們眞正歡喜的不是賺了多少錢，而是成就感。這番經歷讓呂梅英感悟，出了社會才是學習的開始，「任何問題都是『老師』、都是學習，要感恩每一次的因緣。」

呂梅英結婚後，跟著夫婿去美國住了一陣子。大女兒出生後，她覺得自己是個徹底的生意人，在美國當家庭主婦很無趣，決定回臺灣做生意。

創業之初，她思考自己雖有服裝設計專長，卻沒有眞正上過班，要以服裝設計創業，火候還未純熟；倒是在媽媽的調教下，從小看了很多舶來品，對流行時尚的敏感度高，更擅長於服裝行銷，於是找了二、三十個臺灣本土服裝設計師的品牌，代理販售。

代理品牌銷售，一定要創造業績才能長久。呂梅英認爲，一件設計很好的服裝，如果沒人買，那只是創意；能讓大家買、大家穿，才算好的設計。

呂梅英長期在第一線面對每家服飾店的老闆娘，能獲得充分的市場資訊，也常去美國取得最新流行訊息，她相信自己的眼光；她懂得服裝設計、打版，跟廠商溝通無障礙，而能給予建議、做出有特色的服裝，因此培養出許多新銳設計師，把小小的品牌打亮打響；就如有一家廠商光一件褲子或裙子交給她賣，一季就可賣個兩、三千件，創造出非常亮麗的業績。

嘗試中不斷創新

但是好景不常，十一、二年前傳統成衣業因大環境變遷，廠商一窩蜂遷移大陸，臺灣的業績開始走下坡，呂梅英感到很頭痛。

「現在景氣不好！」她跟媽媽說。

「下輩子出生還要賺錢，你現在就說景氣不好？景氣再好也有人虧錢，景氣再差也是有人賺大錢。」媽媽給她當頭棒喝！

這讓呂梅英學到：不要推卸責任、不要怪大環境不好，要在當下多用心。於是，她到法國尋找可以代理的名牌服飾，靠著對流行服飾的敏感度與行銷專長轉型。

連續兩年換季期間，她遠赴法國觀察搜尋各大名牌服裝特色，最後決定與妹妹呂秀英合夥，進口代理 Cotélac 服飾在臺灣設點專賣。

剛開始在臺北市中山北路設專賣店，但是沒有成功。呂梅英檢討原因，「新的品牌沒人知道，不會專程去買。」於是，她們決定將專櫃設在百貨公司，讓客人逛街時可以認識這個品牌。

要打進百貨公司，談何容易。呂梅英做足功課，到法國總公司旗下的工廠，徹底了解品牌的特色和優勢，具足信心後再回頭和百貨公司業者洽談，終於成功。

品牌打進百貨公司後，能持續提升業績才是真功夫。她要求全臺各專櫃的銷售小姐，每一季都要回公司受訓，除了清楚當季服飾的主題與每件衣服的特色，更教她們站在顧客立場，提供適合個人造型與搭配的衣飾。

換季前夕，針對銷售不佳的衣服，呂梅英也會集合專櫃小姐交換心得，討論行銷方法，讓她們像充電一般，回去後更有信心地面對顧客。公司旗下的銷售小姐在呂梅英毫不藏私地傾囊相授下，各個都是行銷高手，培養許多忠實顧客。

「每個人身材不同、年紀不同，不是每個人都完美，但人人都可以穿出自己的格調。比方說胖的人不適合穿太軟太貼身的衣服，就推薦適合她的料子。」呂梅英說，做生意要知己知彼，以對方的立場考量，每個人都能穿出自我品味，穿出自信美。

如同當年母親傳承給她一般，呂梅英也逐漸將事業交給女兒經營，每年換季之前，陪女兒到法國總公司訂貨；因此在經營事業之餘，她也游刃有餘地投入很多時間和精力爲慈濟付出。

永遠一臉歡喜的呂梅英表示，一路走來她始終相信，好的念力很重要；她總是可以把任何事當成樂趣去面對，對於流行時尚服飾，她也持續懷抱熱忱，因爲人生是一場永不停歇的學習，任何事都可在嘗試中不斷創新。

人生舞臺，很多的純熟都是歷經淬鍊而來，呂梅英把握每個因緣，訓練自我膽識，但也恪守父親給予的訓示，從不借貸周轉資金。她說：「一塊錢代表一個人的人格，做生意一定要誠正信實。有多少錢做多少事，千萬不要好高騖遠。」

「多學多問，步步踏實。」呂梅英規勸年輕朋友，把挫折當成最好的資糧、不斷累積能量，自會創造出屬於自我的一番天地。

走向良醫之路

撰文、攝影／黃沈瑛芳

從擔任中藥鋪學徒開始，
黃正昌就嚮往著醫師救人的使命。
取得中醫執照、前往中國大陸精進醫術，
一場急病後，他警覺傳承的重要性，
手把手傳真功夫，毫不藏私……

職場心語

- 聽講無法達到學習功效，實作才能提升技術。
- 學習沒有捷徑，唯有一步一腳印勤耕耘。

▶▶▶ 生德堂中醫診所院長　黃正昌

這日，位於臺北市文山區忠順街的生德堂中醫診所，一如往常地「門庭若市」。推開玻璃門進入長條形的空間，藥櫃上長方形玻璃方框寫著「珍珠八寶」、「燕桂蔘茸」、「牛黃胆麝」、「美國粉蔘」等字樣，映照出老中藥房的樣貌。

藥局內，醫師娘梁芳梅將手機夾在脖子上講電話，雙手不停地往一格格抽斗裏抓藥；掛上電話後，又忙著與久候的街坊鄰居互動。

再往裏，不算寬敞的空間有一位老奶奶坐在輪椅上、膝蓋扎了針等候拔針；左邊看診空間裏，黃正昌醫師正對著一位母親細心說明，殷切告知藥物煎煮及食用方法，言畢轉頭向正值發育期的女孩叮嚀：「你要多運動，才會長得好……」

「你怎麼這麼久沒來呀！」隨著梁芳梅聲音出現的是一位外籍青年——土耳其僑生易馬丁，來臺灣四年多、講得一口流利的華語，是診所裏的常客。

「黃醫師您好！」易馬丁即將返回土耳其兩、三個星期，來請黃正昌開些備用藥，「萬一身體不適，我習慣吃您開的藥。」

易馬丁在政治大學研讀電腦資訊，三年前一位俄羅斯朋友帶他前來就診，此後固定三個月來一次，今天更帶朋友一起來。他表情頑皮地說：「我會先去看西醫，知道病的原因後，再來給黃醫師看。」

「一般去醫院，醫師只負責看診和開藥，很少有互動；來這裏，黃醫師會關心身體不健康的因素再給藥，感受差很大。」易馬丁很信任黃正昌的醫術，來臺灣多年，他已習慣臺灣料理，怕回土耳其後吃不慣當地食物，開玩笑地說：「有沒有讓我食欲好一點的藥？」

輪到朋友就診時，只見他一邊翻譯，一邊滔滔不絕地說著中醫的好處，更不忘提到黃正昌的親切……

解剖驗證，啓發理解

黃正昌是臺中大甲人，從小對草藥有濃厚興趣。國小時，他跟著長輩到菜市場，看到有人賣草藥總會駐足觀望，甚至上前詢問。一九七二年初中畢業後，他離開家鄉來到臺北，跟著經營中藥鋪的姊夫學習，一路往中醫師之路邁進。

白天，黃正昌在中藥鋪當學徒，晚上就讀夜校；而後他轉到日間部，爲了把握時間學習，晚上就著藥鋪地板鋪上墊子爲床，刻苦耐勞地吸收中藥知識。中學畢業後、服完兵役，他仍精進學習，準備中醫師檢覈考試。

姊夫欣賞黃正昌的上進，一九七六年將一間藥鋪交由他管理，如此實做與理論同步，經過十年苦讀，黃正昌終於在三十六歲考取中醫師執照、開始行醫，而原本的生德堂中藥鋪，也轉型成爲中醫診所。

考上中醫師不代表學習終止，黃正昌平日經常上山採藥、專精藥理及應用；有感醫學奧祕、浩瀚無邊，一九九〇年又前往上海中醫藥大學鑽研中醫醫術。

一九九五年，黃正昌鼓勵女兒進入廣州中醫藥大學就讀；而他爲了深入研究中醫的治療方法，隔年考取該校碩士班，父女成爲同校同學。

爲了牢記人體內部構造，父女倆曾經一起解剖大體；從開始時懼怕，到劃下第一刀，透過一層層的深入了解，對照書本說明，父女倆親手切割、摸索，逐一辨認人體各部分的神經、肌肉、皮膚、血管等構造，以了解各器官的交互作用，及未來用藥可能到達的部位。

當時解剖的環境不是很好，現場只看到一群人動刀、動工具地切割，大體的眼睛被挖起、腹部挖了一個大洞，像極了分屍案現場，地板滿是汙穢。學生們必需以磚塊墊高進行解剖，有人專門研究頭顱、有人研究腸胃，黃正昌則專攻肝臟。

第一次親手解剖大體，空氣中充滿異味。黃正昌回憶：「整整兩天在食堂裏看到肉就想吐，連肉鬆都不能入口！」

解剖過程中發生幾次「靈異事件」，讓他飽受驚嚇：一次伏在大體上忘神地研究肝膽器官時，總覺得有人摸著他的肚子——原來是大體老師的手，他趕緊用繩子將老師的手固定住，下課後再放回去。

還有一次，他用力撥動大體老師的胸腔，突然間被老師的左手抱住臀部，嚇得他冷汗直流；定神一看，原來是用力過猛，牽動老師手上的繩索鬆脫而已。

晚上到解剖室，他總會拉著女兒一起作伴；兩個多月的解剖課與大體老師朝夕相處，黃正昌由驚懼到與大體老師變成「好朋友」；長期研究肝病的他，經過解剖驗證、臨床用藥，啓發了理解領域，從此更爲精進。

爲了就讀碩士班，黃正昌付出不少代價。當時，修習基礎中醫課程必需住校，爲了不讓中醫診所關門，他特別以每月十八萬元高薪，聘請一位中醫師駐診。他自我調侃：「別人付學費讀書，我一年還要多付兩百多萬的『替身費』。」

然而他不後悔！當時臺灣盛行B型肝炎，他努力鑽研治療方法，發現許多可以造福肝病患者的藥方，因而成爲著名的肝病權威。

黃正昌打破傳統觀念，以西醫科學檢驗輔助中藥治療，透過中西合療法追蹤四年多，終於創造了以中醫治療B型肝炎表面抗原指數轉陰性的臨床實例，並且介紹透過排汞、通經絡、均衡營養、健康用油、適度日照、信仰等，更有效地協助臨床治療。

黃正昌在中醫學上的貢獻，造福不少肝病患者。多年行醫資歷兼併努力研究醫術，終於在二〇〇四年六月取得中醫博士學位。

脫離險境，傳授中醫精髓

從中藥房學徒開始，黃正昌已知身爲醫師救人的使命，在取得中醫執照後，他常到附近的宮廟義診，之後有因緣接觸慈濟，並於二〇〇一年十一月十八日完成委員培訓課程。

沒想到，培訓課結束第二天，他竟因腦出血而中風，西醫一度放棄治療，但太太梁芳梅堅持以中西醫合治；黃正昌的病情明顯進步，逐漸脫離險境。

隔年元月，黃正昌向醫院請假，到關渡慈濟志業園區受證委員。證嚴法師殷殷叮嚀他認眞做復健；住院七十天後，黃正昌因復健有成而出院，病後八個月就回歸慈濟義診行列。

黃正昌中風期間，梁芳梅身心備受煎熬、幾乎陷入藍色憂鬱，她發願：「只要『爸爸』能好好地活著，一定會鼓勵他施醫、施藥、施教，服務大眾。」因此儘管出院後行動仍有些微不便，黃正昌還是回到診所開業，而梁芳梅總是隨侍身旁。

雖然事過境遷已逾十六年，梁芳梅感恩當時患者面對黃醫師的中風並不介意，無論路途多麼遙遠，一樣專程前來治療，因此更用心來照顧這些病人。

黃正昌有一位醫術高超的中醫師好友，因清理池塘而意外往生；他的兒子雖是藥劑師，但考了幾次中醫師都沒考上，父親走了，想傳衣缽都沒辦法。

二〇一二年慈濟大學成立學士後中醫系，梁芳梅思考：「應該把小愛變成大愛，讓爸爸的醫術，能傳給後中醫系的孩子。」於是，梁芳梅與黃正昌主動擔任學士後中醫系的懿德爸媽，把學生當成自己孩子般呵護，期待能將博大精深的中醫精髓分享給他們。

每逢假日，黃正昌都會安排學生到診所實習，因爲他覺得「光是用講的、用聽的，無法達到學習功效，一定要親身體驗與了解，才能提升醫術。」

黃正昌的教導是全面性的，中醫四診「望、聞、問、切」，中醫方藥、針灸、刮痧、拔罐、傷科等，他都不藏私地殷殷解說，並且要學生學習內經、傷寒論、金匱要略、溫病學、五運六氣等，更重要的是透過跟診，教導如何建立良好的醫病關係。

跟診，是透過觀察來學習的一種方式。黃正昌的教導，總是「見微知著」，從患者進入診間就開始進行，「要觀察醫者如何與病患溝通、取得能夠判斷病情的訊息，並且觀察醫者如何取得病患信任，有助提升治療效果。」

醫學是一門需要高度觀察力的學問，他引導學生運用五觀與有限的輔助工具診斷病情、給予相應的治療，通過臨床實踐，才能印證書本上吸收的知識。

「知無不言，言無不盡。」是黃舒縪對正昌爸爸的印象，目前在臺北慈濟醫院實習的她，感恩黃正昌給予跟診的機會，「一位醫師看診時，除了面對病人，還要應付一群學生時不時丟出的問題並悉心教導，真的不容易。」

黃正昌總是諄諄叮囑該注意的小細節、穿插顯效的案例紀錄，加強眾人對於中醫療效的認同感；而黃舒縪也謹遵黃正昌的提點，多學多看多記錄，爲將來的中醫生涯打基礎，以期協助患者回到良好健康的生活水準。

跟診筆記，學習無捷徑

除了看診時讓學生跟著學習，黃正昌在看病後的空檔，也會詳細說明患者情況，開方的思路、依據，以及治療方式；他更將以前跟診時的筆記拿出來分享，教導臨床處方施治的方法、方劑的使用時機和劑量等重要臨床經驗。

透過這些筆記，可看出黃正昌當年求知若渴的精神，印證他的諄諄叮囑，「學習方法沒有捷徑，只有一步一腳印地勤耕耘。」這分完全傳授不藏私的態度，讓孩子們自覺將來也要有如此精神，才能讓中醫發揚光大。

教學之餘，黃正昌也積極參與義診，用一己之力幫助相對弱勢的人群，孩子們因此在心裏立下標竿，自我期許將來也能效法，成爲一位「全方位的中醫師」。如此溫馨的互動，讓其他學士後中醫系的學生很是羨慕，找上管道聯繫，黃正昌則是照單全收。

這天，黃正昌爲他們講解硃砂等特殊藥方的古法炮製方法，有同學反應，書本上講的跟臨床不一樣，不知道該從何處著手？黃正昌請學生口述病人狀況，指導該如何處理，以掌握即將要進入職場的鋩角。

黃正昌藉著和學生互動，傳承自己多年行醫的經驗，期望可以讓這群未來的中醫師少走一點辛苦路。「有人願意教，當然也要有人願意承接，孩子樂意學習，我也樂意把經驗告訴他們，希望能綿延不息地讓中醫發揚光大。」

從中藥房學徒，到成爲醫術精湛、提攜後輩的肝病名醫，黃正昌告訴大家，「只要有信心、毅力、勇氣，沒有什麼事是不能辦到的。」

希望孩子們能了解，無論面對任何困難，一定要堅持恆心才能達到目標：「中醫醫術深奧，領域很廣，一定要時時精進、求取新知識，才能造福人群、爲大眾拔除病痛！」

想像　讓世界更美好

撰文／吳瑞清・照片提供／楊贊弘

以「人」為中心的智慧服務，
是未來生活及就業趨勢。
物聯網是什麼？又該如何投入？
身為臺灣第一代資訊管理人才，
楊贊弘教你快速掌握未來……

職場心語

- 提早確立志趣方向，才能發覺不足處、擬定學習計畫。
- 畢業科系並非絕對重要，態度對了，不論做什麼都容易成功。

▶▶▶ 趙雲科技副總經理　楊贊弘

早上起床離開被窩，燈會自動打開，空調也會依環保節能方式，調節舒適溫度；進入化妝室，化妝鏡顯示今天的氣溫、交通狀況、重要新聞及個人行事曆，甚至以語音告知；冰箱會將食物訊息送入手機，提醒忙碌的現代人記得添購蔬果；街道上的感測器會即時通知哪裏有停車位、大眾運輸工具到站時刻、提供便捷訂票等。

「大家會不會覺得，這種世界眞是太棒了！」趙雲科技副總經理楊贊弘，揚著聲音爲聽眾擘畫出人類未來的生活藍圖：「這些場景都已經逐步實現中，我們的世界將因物聯網（Internet of Things，簡稱 IoT）變得更美麗！」

物聯網時代來臨

「物聯網是什麼？」楊贊弘的問題，問得聽眾一臉迷惑。

一九九五年，微軟總裁比爾．蓋茲在《未來之路》書中，展開他的智慧家居狂想，成爲物聯網概念的濫觴。比爾．蓋茲預測，人們將會隨身攜帶更小、更方便的設備，無論身在何處都能隨時與他人保持聯絡、從事商務活動，也可以通過這種設備瀏覽新聞、確認預訂的航班機票、獲取金融市場信息……

現今，智能手機已經普及，甚至有了智能手錶及各類穿戴型設備。比爾．蓋茲同時預測，家人或朋友都將擁有專屬的私人網站，可以私聊或者策畫活動。如今，全球有二十億人使用 Facebook 了解朋友們在做什麼，並策畫活動，也已有 Instagram、WeChat、Line、WhatsApp、Messenger，以及很小型社交網絡。

二〇〇五年，聯合國召開「資訊社會世界高峰會」，國際電信聯盟發布了物聯網時代來臨，只要在網路下載相關 APP，就可以達到物物相聯互動的效果。

物聯網眞正受到眾人關注，要拜各國政府制訂政策之賜；乘著智慧型手機的發達，讓創業者腦中的各式想像，有了化爲眞實實踐的可能。

物聯網就像一張漁網，外覆在實體世界上的一個網絡，透過網上節點，蒐集實體世界訊息，再傳送給其他節點。物聯網還有一個特性是個性化，將服務切割成精細的任務，並透過標準化平臺，將各種服務、資源（如水、電、天然氣）以最優化方式提供不同需求的族群。在各種物聯網實作中，規模最大、影響你我生活最顯著的應用之一，就是智慧電網（Smart Grid）。

楊贊弘透過影片、簡報，詳細說明物聯網的運用與影響。他指著手腕上的智慧型手環說：「日常使用的手持或穿戴式電子設備、家電用品，透過網路傳送資訊到雲端資料庫作整理分析，產生重要建議或訊息，再傳送給使用者或相關業者進一步提供無微不至的服務，整個架構的概念就稱爲物聯網。」

對於物聯網，一般人的初步概念僅止於網路購物，或是運用視訊開會等功能。物聯網以資訊、通訊科技爲基礎，網際網路（互聯網Internet）爲架構，透過各種網路，如：有線電視、傳統電信有線網路、有線/無線區域網路、行動無線網路、衛星通訊網路等，將各式各樣的設備，運用雲端運算、大數據、人工智慧等新科技，作成千上萬的應用；以使用者爲中心發想，應用層面廣無邊際，有無限可能。

根據行政院經濟部的規畫，臺灣的物聯網產業發展，著重六大主要應用領域，大致可分爲智慧能源管理、智慧工業、智慧生活商務、智慧家庭、智慧醫療、智慧交通等六大類。

楊贊弘表示，物聯網的運用無所不在，是以「人」爲中心思考而發明；如將失物追蹤器（trackR bravo）做成一個美美的小吊飾，別在失智長者身上；一旦走失，很快就能找到他們。

以「人」爲中心的智慧服務

楊贊弘的大學時代，正好是校園民歌流行的巔峰時期，一把吉他、三五好友，幸運地圓了他愛唱歌的夢——一九八四年，榮獲第五屆「金韻獎——重唱組」優勝；曾演唱音樂製作人丁曉雯老師的作品「神話」，榮獲第二屆「全國大專創作歌謠大賽」第二名。

一九八五年，楊贊弘自輔仁大學資訊管理學系畢業，當時是大型主機電腦的年代，主要用於大量數據和關鍵項目的計算，例如銀行金融交易及數據處理……身爲臺灣第一代資訊管理人才，楊贊弘在資訊、通訊科技領域一直躬逢其盛，從軟硬體到技術、業務、行銷，再到跨區域營運管理，工作歷時二十六年。

「物聯網」的蓬勃發展是近十年的事，接著又因應不同行業、需求，整合現有的「互聯網」，實現人類社會與物理系統的整合；在這個整合的網路中，存在能力超級強大的中心電腦群，能夠對整合網路內的人員、機器、設備和基礎設施實施管理和控制；在此基礎上，人類可以用更加精細和動態的方式，管理生產和生活，達到「智慧」狀態，提高資源利用率和生產力水平，改善人與自然間的關係。

「每一種演化，都是針對消費者的貼心服務；智慧的居家方式，需要透過電腦來控制，那麼人的定位在哪裏？」許多年輕學子及父母憂心忡忡，擔心網網相聯、物物相聯後，取代了原本使用人力的工作機會，「是不是每個學子都要去讀資訊系？」

「其實不是的！」楊贊弘說，一部電腦若未善加運用，終究只是個硬體。「許多應用程式，還是要靠人腦去研發、執行、銜接。不同行業間的協作、分享，也都要由人來居中運作，所有產業都將繼續並存而發展成爲夢工廠。」

楊贊弘引用微軟臺灣區營運長康容於二〇一六年的談話：「物聯網要以人的需求爲中心，才有機會成功。在物聯網上，唯一的限制是想像力。」

就如慈濟大學設有醫療技術系、醫療資訊系，可藉由科技將醫學技術、病患需求與資通訊科技整合，打造出行動護理車、居家服務行動醫療車，就是最好的例子。

在各大醫院的實際應用中，行動護理車可跟著醫護人員移動工作，車上備有護理所需的各項用品及設備、病人專用藥盒；透過無線網路與螢幕操作，醫護可迅速掌握病人在病房裏的最新訊息，機動性高，有效提升醫療品質。

「行動醫療車」則可將醫療行爲所產生的繁鎖流程轉成自動化處理，改變醫院的作業型態——以往醫師只能在診間電腦檢視 X 光片、病人病歷需靠推車送進診間，未來醫護人員只要推著一臺「行動工作站」，就能隨處爲病患服務。

科技的力量，將帶給人類無限的便利。楊贊弘表示，物聯網不只是跨產業的概念，更代表充滿想像與創新加值的應用服務。大學生應提早爲未來人生方向做定位，以自我專長投入資訊行業，在實務運用上，常會比資訊科班出身表現更爲傑出優秀。

「硬功夫」加上「軟實力」

據就業網站統計，企業求才所考慮的前五大因素，專業技能並非首要項目，而是所謂的軟實力——忠誠、態度、熱忱、道德操守、獨立思考……

「要有合心的團隊精神，除了每人各司其職，充分有效地運用時間完成被賦予的責任外，行有餘力更要積極幫助他人，累積正能量及良好的服務態度。」

楊贊弘建議年輕人多讀書以增長知識、了解未來產業趨勢，提早確立志趣方向，才能發覺不足處、擬定學習計畫。

他以自己就讀音樂系的兒子爲例，他因對語言有興趣，英語不是問題，簡單的粵語、日語也能溝通，畢業後順利考上錄取率不到百分之七的航空公司地勤。

「學校學習科系並非絕對重要，關鍵在於學習態度。態度對了、準備好了，不論做什麼都會是對的。」

「軟實力，是踏入職場最堅實的平臺；缺乏軟實力，猶如蓋房子沒有堅實的地基。」楊贊弘強調，溝通技巧、簡報技巧、人際關係……這些軟實力都很重要，無論未來進入任何產業，他建議都要建立以下的態度與能力：

一、**誠實與道德操守**：這是所有全球大型企業對員工最重要、也是最基本的要求，當然也是每個人終其一生最重要的核心價值。

二、**終身學習的態度與決心**：無論學歷、年齡高低，終身學習的態度將有助於個人及企業不斷成長，也是企業經營者最喜歡的員工型態。

三、**積極、熱情、永不放棄的人生態度**：職涯過程難免會遇到挑戰與挫折，積極、熱情及永不放棄的人生態度，能幫助自己及企業度過低潮、再創成長。

四、**溝通協調能力與團隊精神**：在職涯旅程中，沒有人可以獨力完成所有任務，應該樂於助人、發揮團隊精神。溝通協調能力的建立，有助於事半功倍，將企業綜效極大化。

五、**培養基礎軟實力**：在產業知識與技能不斷充實的過程中，基礎軟實力（如人際關係、簡報技巧……）也同等重要。

「有了上述的能力及態度，即便將來要轉換跑道，也能將困難及門檻降到最低。」楊贊弘祝福青年們未來無論在世界的哪一個角落、從事任何領域的工作，都能發光發熱。

翱翔藍天不是夢

撰文／葉金英．相片提供／楊智強

自在翱翔原是遙不可及的夢想，為了減輕父母的經濟負擔，他選擇就讀軍校、報考飛行員。成為令人稱羨的飛官背後，卻有著不為人知的甘苦……

職場心語

- 確定專業與志趣後，就要以一顆不怕挫的心，全力以赴。
- 從事自己感興趣的工作、勇敢接受困難挑戰，才能在工作中產生自我肯定。

▶▶▶ 民航公司直升機飛行員　楊智強

夏日，清晨四點半，黑夜漸漸褪去，山稜線上隱約透出晨光。許多人仍在睡夢中，住在宿舍的楊智強早已起身做準備——任職於民航公司，他是駕駛直升機的飛行員，每次停留馬祖南竿一星期，一天待命十二小時，負責醫療後送及冬季離島的交通機。

在空中值勤必須心無旁騖，精神壓力耗費大，他習慣早睡早起，規律生活數十年如一日。等待任務來臨前，他喜歡靜靜地閱讀書刊，或是走路運動，讓身心保持平穩狀態。

飛機何時起飛不一定，往往一通電話就得出門，有時，一天的任務接二連三；有時，可能沒事發生。多年來，楊智強的休假零零散散地，幾乎三分之二的時間投注工作中，陪伴家人機會較少，心中難免有些遺憾。

分秒必爭，救人第一

南竿四面環海、景色宜人，島嶼到處是陡峭山坡，道路高高低低、彎曲不平，時常風一吹，空氣中傳來陣陣海鹽味。當地居民不多，醫療資源有限，急重症病患就靠直升機載送到臺北大醫院治療。

這一天，接近中午時分，楊智強的手機鈴聲響起，公司同事來電告知：「楊教官，有一位胃穿孔的病患，必須緊急後送。」

時間分秒必爭，飛機得在一小時內起飛。楊智強立即換上飛行制服，白色襯衣的左右肩上各有一個徽章，上面的四條槓是正駕駛的榮譽，也是飛行員責任的象徵。

身爲機長，楊智強一到機場辦公室就先擬定飛行計畫，塡妥載重平衡表、了解飛機狀況，緊接著，他和副駕駛一起觀看最新氣象資訊，做好各項檢查工作。

救護車抵達機場停機坪，病患一臉疼痛表情，家屬也跟著焦急。起飛前，副駕駛透過無線電與塔臺對話：「南竿塔臺，B55XXEMS送病患到松山，目視飛行高度三千呎，天氣資訊抄收，請求四號機坪開車。」

「B55XXEMS許可到松山機場，保持目視高度三千呎，現在使用『兩么』跑道，高度表撥定值二九八〇吋，許可開車。」

塔臺通話完畢，楊智強豎立右手食指向維修人員比手勢，實施一號引擎開車。所謂「開車」，就是啓動引擎；看到儀表板上電壓回穩，他比出勝利V字手勢，再啓動二號引擎；從停機坪到跑道，直升機離地滯空滑行。

左手拉起集體桿，螺旋變矩加大產生升力；右手握著迴旋桿，操作飛機的姿態轉彎前進；兩腳踩方向舵，修正扭力及飛機方向……楊智強操作自如，飛機協調穩定，緩緩升空。

機身上方是主旋翼，旋轉帶動飛機起飛；機身後方有個小小尾旋翼，用來抵消主旋翼的扭力及改變方向，整架直升機就像一隻會飛的小鯨魚。

升空後氣壓、氣流變化大，楊智強總是特別小心，操作飛行桿動作柔和，讓病患在飛機上不會感到不適。

晴朗的天空能見度良好，機身兩旁不時有一朵一朵白雲作伴。到了臺灣海峽上空，距離海面三千呎，從玻璃窗往下探，一艘大型貨櫃輪行駛在湛藍海上。

五十分鐘後平安抵達臺北松山機場，救護車早已在一旁等候。看到急重症病患有了妥善的護送，楊智強感到安慰。任務順利完成、飛機加滿油後再度起飛，奔向藍天，返回馬祖，繼續待命。

樣樣達標，如願飛行

戴著墨鏡，臉頰略瘦，身高一七六公分，帥勁挺拔，楊智強坐在駕駛艙裏，架式十足。從中校退役轉任民航快二十年，前後累積七千七百多小時的飛行時數，他永遠不會忘記，那一年初嘗飛行時，教官帶著他飛上天，看那一片雲……

楊姓家族在臺南大內鄉是大姓。楊智強小時候家中經濟艱困，窮酸窘境讓他封閉自己，加上個性內向，朋友並不多。

上小學時沒有鞋子穿，他樂天地想，腳踩泥地可以親近大自然。他經常得下田幫忙農務，偶爾抬頭望天，看著飛機輕掠而過，對他而言，能自在翱翔是一件遙不可及的夢想。

一九七五年，楊智強從農工高校畢業，爲了減輕父母親的負擔，選擇就讀陸軍官校專修班。受訓一年，分發部隊之際，得知陸軍航空招考飛行員，他心想，「駕駛直升機應該很有趣」，於是和幾位同期同學一起報考。

他認眞準備學科考試、通過體能測驗，飛行員最重視的視力，他也達標了。如願考上飛行班、接受訓練；報到前，他期待早點見到實體飛機，心中模擬著如何操作讓它飛起來、未來的飛行生活……天馬行空想了很多。

受訓編組時，楊智強被分配到第一組。主任教官個子高、動作輕柔，邊操作邊講解操縱桿的功能，帶著學員在地面上演練飛行。示範教導後，教官回頭看著楊智強說：「換你來。」

「好！」楊智強回應。

「你是老百姓，要回答『是』。」教官略帶斥責地說。在部隊，服從及應對進退，是一項深度智慧。

楊智強穿起橘色連身裝，衣服寬鬆不太合身。不過，當教官帶著大家走到停機坪時，他看到OH—13機型的直升機，眼睛亮了起來，那個圓圓透明的玻璃罩，感覺好新奇又古錐。楊智強行經飛機旁，不由自主地對它說：「我跟定你了！」

進入正式學飛課程，首先是「感覺飛行」，教官特別交代：「一會兒坐上飛機，手不能碰觸操縱桿；緊張的話，就抓住機身門把。」

直升機內部空間有限，教官操作飛機起動引擎，學員們擠在一旁觀看。教學專用機體積小、速度快，上升下降變換動作大，學員們晃來動去，臉上表情、反應各不同。

等到飛機落地，有人臉色蒼白地難以適應——被淘汰了！

晉升飛官，父母榮光

「感覺飛行」這一關沒有人情可講。尤其，飛行員憑藉的是經驗及緊急應變能力，不能馬虎勉強。

楊智強第一次坐上飛機離開地面，隨著高度攀升，感覺房子、村莊距離愈來愈遠，身體輕飄飄的。他專注看著教官操作，十幾分鐘後順利過關。每次飛行，他仔細觀看教官示範滯空、滑行、起飛、落地的操作要領，對於操作的柔和性與手腳協調的運用，漸漸有了概念。

飛行時間滿十小時後，教官告訴他：「你可以單飛了。」他通過最關鍵的學習階段。

單飛，是一趟特殊體驗。通常教練直升機是由教官帶著學員飛行，那天，駕駛座旁放了與教官等重的沙包，以保持平衡載重；當飛機飛離地面，楊智強將所學的操作程序全運用上，穩穩地從側面飛行，簡直像是一隻大雁，輕鬆自在、渾然忘我地翱翔在天空中……

此生唯一的單飛，注定了他是飛行員。到了長途飛行訓練——從臺南歸仁飛往臺中清泉崗機場，往返兩次。楊智強沒有被編入隊，失去遠程飛行的機會，滿臉無辜與失落。

爲了彌補他的失落感，教官對他說：「今天帶你去看那一片雲。」清澈藍天之上只有一片雲飄盪，教官將直升機往上攀升，穿過那一片雲，笑著對他說：「這可是別人都沒有的經驗喔！」那笑容讓楊智強意會到，未來飛行路還很長，要適時懂得放下。

結束基礎訓練，「目視飛行」科目緊接著上場，換較大的直升機進行訓練，學員們要學習區分航線起落及空域訓練。

說來眞巧，這一次的練習，飛越的範圍就在楊智強家附近。飛行時，教官問他：「你家在哪裏？」楊智強不假思索將手一指，瞬時飛機就飛到了他家附近。

教官漸漸降下高度，在房子上空盤旋一圈。受空氣摩擦撞擊，直升機旋翼發出「控控控」的聲音，鄰居紛紛抬頭望向天空；還沒反應過來，一股強大氣流將幾戶人家的晒衣架吹倒了，衣服翻落在地。

這下子楊智強出名了，大家終於知道那是「霖乀」家中的老三，紛紛帶著羡慕語氣對「霖乀」開玩笑說：「叫你兒子將衣服洗乾淨……」

幾十年來，楊家勤儉過日，好不容易出了一位飛官，父母親都深感光榮。而如願在空中俯瞰大地時，楊智強的心情也從一開始的興奮、滿意，漸漸地習慣飛行的日子。

飛行時數達到兩百小時，楊智強結訓畢業了，分發部隊擔任副駕駛，他按部就班，從副駕駛、正駕駛、教官……一路累積經驗、往上提升。二十四歲那年，飛行滿五百小時，通過考試資格認定，成爲正駕駛，肩章上也多了一條槓，晉升上尉。而接下來必須飛滿八百小時才符合教官資格，歷練一關又一關，榮譽感更加重他的責任感。

瞬間意外，不爲動搖

飛行經驗中，發生糗事與危機，往往可用「驚險」兩字代替。

有一次在高雄左營演習，結束後九機基本跟蹤編隊從南部飛回北部基地。陣容龐大的直升機隊伍以三個三角隊形編組，領隊機在前方，左右四十五度各一架飛機成三角形狀，衍生九機跟縱隊形飛著。

飛到臺中后里上空，機群進入雲層，楊智強編隊的位置位在最後兩架之一，彼此間距只有三十公尺；雲霧讓視線模糊了，他擔心一不小心就會發生碰撞，緊急飛離雲層區，並將高度往下降，降到連溪流旁沙洲上的西瓜田都一目了然。過一會兒雲層漸散，楊智強看到機隊在不遠處，即刻又攀升往上、向大隊靠攏；其他飛機也同樣合併過來，領隊透過無線電請大家一一報數，恢復九機跟縱隊形飛回基地。

有一次，颱風來襲前所有飛機必須疏散，機隊從桃園龍崗基地飛往臺中鄰近基地。雲層一會兒濃厚，一會兒淡薄，機群在雲堆裏進進出出，隊形全亂了。楊智強的飛機緊跟著前機，幸好飛行員默契十足、技術熟練，沿途彼此閃避，機群低空飛過大安溪，終於安全降落目的地。

事後他們開會檢討，楊智強想起遇到雲層遮蔽視線的那一刻，心中暗自捏了一把冷汗。

直升機的飛行訓練，大多保持在三千英呎以下高度；有一段時間，機隊協助運載神龍小組花式跳傘練習，必須飛到一萬英呎高空，離地三公里，空氣稀薄，操縱反應變得遲鈍，對於飛行員的駕駛技術是一大考驗。

飛機門打開後，神龍小組跳傘人員一個個縱身躍下，在空中編成疊羅漢或接力圖形；跳傘人員落到地面後，直升機也降落，再一次載著跳傘人員飛上天，上上下下反覆練習，簡直是一場耐力的磨練賽。

所有任務中，最令楊智強感到振奮的是雙十國慶典禮上，陸軍航空九架飛機以菱形隊伍在空中展現機隊操演。

所謂九機菱形隊形，是由一架飛機在中間，八架飛機在外編成菱形。直升機的機身長，又靠得近，縱橫、前後要對正看齊，飛行員角度拿捏反應是挑戰。他們運用巧妙方法，利用中午陽光的投射，將飛機的影子映到地面上，跟蹤隊形、梯形、三角基本隊形……就像是把跳棋盤搬到空中，各色棋子變化、排列出不同隊形，令人讚歎。

空中訓練難度頗高，連續兩個月，每天一至兩次訓練，陸、海、空軍機隊聯合出動，訓練相當艱苦；預演時，機群通過指導長官的頭頂上，幾秒間，長官透過無線電喊著：「二號機落後了，五號機太開了，跟上、靠近……」哪一架飛機歪了頭，或是飛機間隔太近、太遠，都被一一點名。

雙十國慶典禮當天，壯觀的機隊整齊畫一飛過總統府上空，觀眾席上傳來熱烈掌聲；機群返回基地，許多官兵、眷屬守候著，眾人雀躍迎接他們光榮返航的那一刻。

楊智強的太太胡珍妮陪孩子等待許久，看到飛機安全降落後，內心的擔憂才「暫時」放下。

然而有一次，在迎接新加坡國防部長來訪時，部隊操演熟練的九機隊形，由於飛機之間距離縮小，在轟隆隆的氣勢下，隊形相當壯觀震撼。沒想到下一秒鐘，不幸的事發生了！兩架飛機在空中碰撞，機上二十多人性命折損，其中一位是楊智強的同期好友，結婚時由他擔任伴郎。胡珍妮陪著遺屬傷心難過，也希望丈夫轉換工作。

意外來得突然，生命在瞬間消失，這一堂生命震撼教育，讓楊智強更加體認飛行官的風險，但是他認為，軍人的天職就是熱愛國家和保衛人民，不能因此動搖、輕言放棄。

成功迫降，幸運脫險

一轉眼，軍中生涯近二十年，楊智強榮升爲飛行中隊隊長。

這份工作比飛行任務更艱難，平時除了帶隊飛行，還要管理各項事務；辦公室裏有一疊又一疊的公文等待批閱；每週一次的會議，身爲主席的他要上臺說話，第一次在一百多人面前宣讀《國父遺囑》，雙腿不由自主地顫抖，幸好幾次磨練後，說話變得鏗鏘有力，臺風愈來愈穩。

時間很快過去，離退役只剩兩年，他心中默默盤算，兩個孩子正在求學階段、家中開銷大，必須繼續工作才行。他的專長是駕駛直升機，轉換民航公司是唯一的途徑，但按照民航法規，軍中飛行時數雖然可延續，卻還要再次參加學科考試、通過體檢，才具備應徵民航機師的資格。

軍職說退就退，別無選擇。轉換新工作，意外打開他人生的新光景。

新工作必須配合出海巡邏或是進行海上救難吊掛。那一架貝爾四三〇型的直升機，儀表板是液晶螢幕，可以設定自動駕駛、感應空氣狀態、地球磁方位，先進的科技跟民航機一樣，可以減少駕駛員操作上的疲勞；

接觸新科技，楊智強既驚奇又雀躍。

臺灣九二一地震時，楊智強駕駛直升機載著媒體人員冒險進出災區記錄、跟著勘察空拍，飛航區域從海面到高山陡升，每遇下雨，他眼睛盯著儀表板，一邊操縱著飛行桿，另一手還得拿布擦拭玻璃霧氣，全憑經驗掌握飛機的方向；有時危險就在瞬間，能安全降落眞是奇蹟。

任務接送愈來愈密集。有一天才剛結束醫療後送飛行，臨時又接到通知，必須飛往大甲溪的青山電廠接送六位臺電人員返回住宿。

楊智強對當地的環境感到陌生，他利用飛機停在臺中水湳機場加油的空檔，趕緊收集相關資訊，並且和正駕駛討論，快速擬定飛行計畫。一個小時後飛機再度起飛，楊智強擔任副駕駛，協助將飛行經緯度輸入GPS。

他一邊監看儀表板，眼睛不時注視外面的環境；飛到大甲溪峽谷時，必須小心避開高壓電塔線等障礙物。

直升機所處的位置都得靠眼睛判別，楊智強分秒保持警覺、仔細監視著GPS，每隔一、兩分鐘回報正駕駛：「此刻方位是……航向緯度是……」

距離降落的地點愈來愈近，飛機減速下降，正當楊智強依照飛行計畫推算降落位置時，正駕駛突然驚呼：「糟了！有黑影，是不是線？」楊智強回頭一看「黑影是線」，卻來不及回答。

旋翼轉速力量割斷流籠線，儀錶板由綠色曲線轉而顯示紅色超限警告。直升機不像戰鬥機設有降落傘，一旦遇到緊急狀況，直升機的動力停止後，旋翼會因相對的氣流自動旋轉，讓飛機迫降落地。

成功機率只有一次，正駕駛緊急關掉引擎，保持飛機旋翼自動旋轉下降。溪谷間沒有平地，周圍都是大小石頭，加上距離不夠高，直升機迫降在樹叢裏，受衝擊而翻覆。楊智強與正駕駛從駕駛艙爬了出來，馬上打開後艙門察看其他乘客的安危。

「人呢？其他人在哪裏？」他的心臟就像要跳出來，胸口一陣緊縮；不一會兒，終於聽到有人回應：「我們在這裏……」

駕駛直升機數十年，居然讓他碰上飛機失事。過去，同事曾因嚴重的飛安事件而罹難，如今他幸運逃脫，實在是不幸中的大幸。

楊智強沒有多餘時間思考其他，連忙檢查飛機損壞程度，趕緊用手機聯絡公司……中午十二點多，電視新聞不斷播報這起飛安事故，頓時間他們成了媒體關注的焦點。

正駕駛與臺電人員受到輕傷，由空中警察直升機送往醫院，楊智強則留下來配合調查。等到夜深人靜，他才離開失事現場，準備搭車回家。

事發的那一刻、生死交關的那一瞬間，楊智強沒有緊張害怕，盡力做好該做的事。離開失事現場，他的心一直掛念著——飛行該如何避免危險？如何改善飛行安全？腦筋不斷地轉、一直地想……到了東勢，搭上遊覽車後，他的心情稍微鬆懈，突然發現車上只有他一人，這輛車好像專程為他而開的。

一向不多話的他，下車前突然有股衝動，想問問前方的司機：「您中午有沒有看新聞播報，一架飛機在大甲溪失事？我就是其中的飛行員之一，坐在您的車子裏……」最終，他沒有把話說出口，只是默默揮別司機，下了車。

黑夜裏，四處靜悄悄的，只有幾盞路燈隱隱放光。胡珍妮站在交流道口守候許久，下午得知丈夫的飛機出事了，她心情大受影響，遲遲無法平復。

遊覽車停靠站牌，看到丈夫緩緩下車，胡珍妮頓時淚水潰堤，難過得說不出話。楊智強抱著太太，拍拍背安慰她：「我已經沒事了，你不要擔心。」兩人緊繃許久的情緒，終於有了宣洩的出口。

飛向穹蒼，飛往雲端

歷險歸來後，楊智強依然繼續他最熱愛的飛行工作。多年來，他載著工程人員空拍高速公路、高鐵建設等，記錄著每個歷史性的一刻。

二〇〇四年，臺北市一〇一摩天大樓建構完成，成了世界第一高樓，受國內外人士矚目。那天，公司接到一項業務，歐洲客戶想拍攝一〇一大樓，卻因租賃飛機費用高，預算只夠飛十分鐘。

正中午十二點，兩位年輕人帶著攝影器材上了直升機，楊智強先以專業角度說明飛行風險進行後，隨即配合客戶要求，將飛機飛到一〇一大樓的某個角度，等他們按好快門後，又迅速飛回松山機場，前後剛好十分鐘。

幾年下來，配合空拍行程，和不同的拍攝者合作，他最難忘的就是紀錄片導演齊柏林。

這天天未亮，直升機就飛行在半空中拍攝大地景象，齊柏林告訴正駕駛：「教官，這個高度航向減速慢慢通過。」

正駕駛按照指示飛行。齊導演說：「這個角度很好，對著山峰登山路徑，找到人群隊伍，保持速度、爬高靠近一點，我想拍他們的特寫。」溫和有禮的態度，讓楊智強印象深刻。

有一回，電視臺找齊柏林拍攝三月雪。工作人員從松山機場起飛，持續往高山前進，從雪山、南湖山、合歡山、玉山、阿里山等，飛越好幾座大山。

飛行高度在一萬兩千呎，氣溫是攝氏零下十二度，簡直快讓人凍僵，但雪景場面浩大，大地之美令人震懾，大家都靜默不語，很快完成任務，飛回臺中機場。

整個飛行過程，齊柏林辛苦地蹲在機上拍攝，尤其在雪山上，風大、氣溫冰冷到令人發抖，手都凍僵了，差一點連快門都按不下去，但他沒有抱怨，還頻頻讚歎飛行員的技術；楊智強看在眼裏，感受導演的專業與尊重他人的態度，內心深深記住了。

人生追求的目標是什麼？一九七六年從軍至今，四十年光景過去，楊智強實現了飛行夢想，成爲人人稱羨的飛官；但風光背後，卻有著不爲人知的甘苦。

多年來，參與「慈誠懿德會」，在慈濟大學擔任「慈誠爸爸」，楊智強給學生的印象，總是板著臉，看起來很嚴肅。長期受軍隊訓練，飛行工作又不容一絲鬆懈，他的臉部表情很難柔和下來，不過他還是努力改變自己，主動親近孩子。

「我是農家子弟，生長在一個沒有鞋子穿、衣褲需承接兄弟二手衣的清貧年代；高職畢業後，選擇就讀軍校……」透過簡報的投影，楊智強與慈大學生分享自己人生的經歷。

一張張不同時期，身著飛行服裝的照片映在投影布幕上，其中有一張是楊智強穿著西裝打領帶，手夾大盤帽，帥氣站在直升機旁——不是準備飛行，而是因爲飛安紀錄良好，獲得民航局「優良機師」表揚；領完獎，他特地走上停機坪與飛機一同拍照，留住風光的一刻。

「走出校門，若已有了專業發展方向，要全力以赴、一心投入。不然，也可以考慮來航空業挑戰不同的人生……」楊智強分享飛行員的條件：沒有近視、體格相當、英語要好，要真心喜歡飛行，還有不怕挫折的心。

「從事自己感興趣的工作，才能產生自我肯定。」楊智強鼓勵大家，空勤工作男女都適合，不僅能擁有海闊天空的精彩人生，還能有優渥的報酬與免費遊歷國際美景的機會，值得年輕人參考與投入。

「沿著海線，可以一邊飽覽大海景觀，一邊眺望遠處高山樣貌，飛覽看盡臺灣……」說著說著，楊智強彷彿又「坐」進直升機裏，帶著大家一起飛出教室、飛上天空，帶著眾人的想像與思緒，飛上那一片雲……

職場美學

撰文/李老滿・相片提供/張懿

投入職場是真正學以致用的開始，對於有意從事建築、空間設計者，張懿建議要下功夫自學，放大心胸、虛心學習，才能吸收更多實務經驗。

職場心語

- 誠懇、專心、踏實做，客戶滿意，生意自然應接不暇。
- 工作中不忘自學，下苦功多吸收、多學習，隨時儲備能力，困難就能關關跨過。

▶▶▶「奉——FORM」室內空間研究室總監　張懿

位於臺北市南京東路四段的「奉——FORM」室內空間研究室，是知名設計師張懿的創意發想處。空間不大，但每個角落都有故事。

來到放腳踏車的地方，張懿說：「我每天從家中開車來，先在別處停車，再騎腳踏車來辦公室，這樣每天都能運動。」——他熱愛運動，神采總是奕奕！

還有兩部鋼琴，他笑著說：「其實我有三部鋼琴！最早的是數位鋼琴，因爲是模擬鋼琴聲，聽起來不太像，所以決定買眞正的鋼琴。第二部放在家裏，閒暇時我喜歡彈彈琴。」第三部，目前在辦公室陪他上班。——他熱愛音樂，心中有清音迴盪。

最特別的是，進門向左轉身，一面樸拙的牆上，以深淺的木塊搭配點綴，左右兩邊掛著印順導師、證嚴法師法照；下方一張簡潔的高腳桌上供奉著「宇宙大覺者」琉璃佛像及一本經書。

張懿說：「我每天醒來第一件事是靜心禮佛。進到辦公室，再向法師頂禮，每天都能見到上人！」——他心中有佛法，公司即道場。

口碑是最好的廣告

一九六四年張懿出生，家族是地方望族，他是長子又是長孫，從小在從事教職的母親威逼利誘下，不僅功課名列前茅，任何家事都難不倒他。

國中畢業後家道中落，張懿獨自離家，開始半工半讀的求學生涯，也終於體會父母賺錢養育子女的不易。他用功讀書，每學期都得第一名、拿獎學金。

從小很喜歡音樂、美術，大學聯考時，媽媽卻不允許他選填相關科系。張懿面對現實，選讀工程科系，既可以養活自己，還可以畫畫。

半工半讀期間，他總是利用上班的空檔畫圖自修，假日就到圖書館或專修班研習，培養設計技巧，累積踏入社會後的資糧。皇天不負苦心人，第一次到室內設計公司面試，主管有感於他的作品完美，以設計師資格聘用，讓他直接與客戶溝通，獨立完成案子。

張懿很感恩能在這家大公司工作，無論是制度、行政、人事等，都讓他學習到很好的經驗。「最重要的是，我認識了很多優秀的木工、水電人才，成為日後創業最佳的工班團隊。」

一九九六年，張懿成立屬於自己的設計公司，取英文「FORM（造型）」為名，也取其諧音「奉」的涵義，自許奉獻自己的生活經驗、空間智慧、美學素養等專業技能，為業主設計符合生活需求、經濟實惠，彰顯身分地位的家居環境。

創業維艱，張懿爭取到第一個客戶時，他壓低設計價錢，誠懇、專心、踏實地做，讓客戶很滿意。慢慢地，客戶們口耳相傳，生意應接不暇。

「理由很簡單，新家裝潢好，一定會宴請親朋好友到家裏坐坐、看看！這時就是每個設計師展示作品的最佳時機，透過他們的讚歎、引介，比打任何廣告都有效。」張懿說。

空間美學臻至完善

一九九七年獲選中華民國室內設計類金鼎獎；二〇〇三年室內建築年鑑作品發表；二〇〇四年DECO百大名師年鑑發表；二〇〇五年當代設計名家年鑑發表……

二〇〇六年，慈濟人文志業中心啓用翌年，張懿爲大愛電視臺的攝影棚進行場景設計，同時完成慈濟四十周年環保主題館設計。六年後，花蓮靜思精舍主堂建造，他是三位室內設計者之一，負責藏經閣部分。

當時他向證嚴法師說：「很感恩上人給我機會，能爲主堂出點力！」法師笑他：「傻弟子！你不能講感恩，要說本分；你要把它當作本分事來做！」

張懿這才發現「對喔！『感恩』表示我在替上人做事，『本分』表示本來就應該要做的事。」而這段期間也是張懿生命中最大的學習，在法師的睿智引導中，他跨越了內心的設計境界——

設計師注重的是「美」，強調自我的設計理念；但法師注重的卻是「人」，強調要實用、耐用，且要在簡單美的造型中，展現優雅人文。張懿說：「這是一種無聲說法，老實說考倒我這位弟子，但也提升了弟子的水準。」

張懿反觀自己和一般設計家的作品，發現法師的三個原則，是現今空間美學設計的最高指導原則，從此，他真真誠誠地將這樣的理念落實在客戶服務上。

他曾經設計裝潢一個樓中樓的案子，業主希望在二樓樓梯邊呈現一個可以輕鬆飲茶、沈思、閱讀的空間。

這個空間與樓梯間有一道隔間牆，牆面若不做任何處理，看起來很傳統。張懿於是把這片牆的一側打了個小小的縫隙，讓牆面獨立出來，既是隔間又像一道屏風。牆中間挖一個圓孔，做成小小的層板擺花飾，接著用跳色方式粉刷牆壁製造層次感——沒讓業主超出預算，卻達到期望和效果。

以誠以情，挑戰困難

張懿公司的設計師以他爲主，還有四到五位助理設計師，以及散布北、中、南部的工班團隊。他說，設計藍圖完成後，如何按圖施工、調派人力，才是眞功夫和挑戰。

「案子愈龐大，需求的工班更多，涉獵工程的細膩度更雜、更大，挑戰就愈大。」以大林慈濟醫院產婦之家爲例，因爲是公眾場所，公安、用電、消防等都要特別用心。

張懿說：「產婦要在這裏住上一個月，護理站、嬰兒房，韻律教室、美髮區等硬體規畫與施作，都要以讓產婦住得安心、護理師照顧流程通暢爲考量，每個細節都要環環相扣。」

挑戰，來自資金及工班的管控。張懿說，施工期還得精打細算工班人數——人多，工期就短；人少，工期就拉長，人員調度與資金運用有密切關係。

另外，設計師對於施作流程、監工細節等，也都要縝密安排。他舉例說明：一片牆砌好了，泥工要先停下來，讓水電工進來埋水管；水電工退出後，泥工再進來貼磁磚、細修；之後水電工再進來安裝衛浴設備等……

「建築、設計這一行，真正的困難都發生在無法預料的狀況下。」譬如期間若有左鄰右舍回報「我們家牆壁裂了」，解決之道第一要以誠相待，第二要有專業知識研判、找出原因。

「以誠意和對方分析、溝通，再做點補償，困難通常都能解決；若是無法解決時，只好請業主出面。」業主、工班、第三方的協調很重要，張懿笑笑說：「一切以誠以情，將心比心，大多能克服。」

他也常聽同行抱怨客戶是「奧客」，總是找麻煩、砍價錢，所以有時遇客戶對工程品質不滿，寧可不收尾款也不願意善後，反正該賺的都賺到了。

但對張懿來說，他希望與每一個客戶都能結善緣。「把尾款收清楚，這表示我做到讓他們滿意，願意把錢付清。」他相信只要盡心盡力，客戶感受得到，自然會心甘情願付款。

學以致用，樂在工作

張懿在室內設計這行找到了興趣，再從興趣出發、樂在工作，成就了今日的自己。即使工作將近三十年，他還是帶著初發心，努力完成自己最心愛的創作。「只要接到一個案子，我就會開心得連晚上睡覺都在思考，要怎麼設計好這個房子。」

對於有意從事建築、空間設計者，他建議要先了解自己真正想要什麼，立定志向後，最重要的是下苦工多吸收、多學習，培養空間概念、美工能力。

早期從事室內設計，都是建築系或美工科出身，十幾年前中原大學首創室內設計系，現在許多大學都設有相關科系，張懿說明，室內設計師不需要考證照，一般人剛投入這一行，都是先從助理設計師做起，「這是眞正學以致用的開始，一定要放大心胸、虛心學習，用心吸收實務經驗。」

「設計師的流動率很大，因爲設計的好壞很主觀，每個人的想法不同。當設計的功力一再提升，卻沒有獲得相對的待遇時，想辦法給自己『加薪』的方法就是跳槽。」張懿的創業路就是自己跳槽當老闆，他建議年輕人要時時自學、自我成長、裝備妥當，才有能力跳槽。

「早期沒有電腦，每一張設計圖都是手繪，基本功很扎實。現在電腦繪圖軟體程式不斷更新，繪圖速度快、3D 模擬逼眞，但是人文素養、價值觀念的養成，還是要靠年輕人努力裝備。」

他分享，剛投入這個行業，心境就像「見山是山，見水是水」，覺得自己一定要做出一個有造型的東西，才叫做設計；後來慢慢提升、縮減造型，開始進入「見山不是山，見水不是水」的境界。

到了一定年齡、擁有一定的工作經驗後，會開始思考，如何將自然資源引入室內作品，讓它們結合在一起、帶給大家很多的想像空間，這就是「見山還是山，見水還是水」的最和諧境界。

「雖然必須走過這三個層次，其實關鍵就在用心程度；肯用心下功夫，自然很快地一關一關就跨過了。」

張懿回想年輕的自己：「看到老闆的設計，我會思考他的理念何在？也經常購買國外雜誌來研究，從中學習世界級建築師的設計理念，不知不覺中，自己的能力也慢慢獲得提升。」

引導後輩，敬業樂群

「孩提時最單純，媽媽教我做什麼，我就做什麼，緊跟著媽媽的腳步走。」張懿從小跟著媽媽學佛，八歲時全家吃素，十歲時他發願終生茹素，但媽媽不答應，擔心他將來長大要讀大學、當兵，吃素容易破戒，請他長大後再決定，但小小的張懿卻是意志堅定。

好幾年後，一位客戶告訴張懿：「我很納悶！你上輩子是一位出家修行人，這輩子爲何墮入凡塵？」

「他講了很多事情，我自己都印證了。雖然他很奇怪我這輩子爲什麼結婚、創業、又做志業？爲什麼不是出家人？但我的環境就是這樣，一步步走到現在。我想這輩子應該有這輩子的使命，就是出世與入世都有不同的使命吧！」語談中，張懿沈沈靜靜、清清淡淡。

這輩子的張懿，是一位成功的美學設計師，他更加入慈濟大學慈懿會，成爲多年輕學子最親愛的「懿爸」；他受邀參加「慈懿業師學堂計畫」行列，帶領六位不同科系的同學，利用課餘時間和他一起學習。

張懿帶他們實地參觀臺北八里的十三行博物館。醫資系吳承庭同學說：「透過講解，我才了解十三行博物館建築的含意。最令我們關注的不是展覽本身，而是它的室內設計；像是建築物本身的梁柱，用傾斜概念設計整體空間，讓參觀者感受到有別於一般博物館的舒適環境。」

兒家系劉鳳秀同學參加臺中潭子醫院護理之家入口題字，獲得院方採用，她欣喜不已：「過程中覺得很沒自信，還懷疑自己是否沒天分；幸好業師耐心教導，比較知道設計方向。」

劉鳳秀說，自己平日從不曾留意一般店家的裝潢、設計，「現在我會邊吃飯邊觀察天花板、櫃子、燈光、桌椅，漸漸發覺平時很少注意的地方。有長輩可以效法和學習真好，最重要的是可以探索興趣、培養自我第二專長。」

張懿看著這群前途無限美好的年輕人，建議大家一定要找時間運動，身體健康精神自然愉快；最好能投入公益團體，體驗在人群中付出的快樂。「讀書時能無所求付出，進入職場敬業樂群，這就是時代所需要的年輕人！」

築路踏實

撰文／彭鳳英・攝影／張進和

九千五百個日子，穿梭在高速公路之間，規畫設計、施工養護、道路管理……
陳偉全從不厭倦。
他說：「土木是『利他』的行業，我的人生因為從事土木而快樂。」

職場心語

- 任何行業都是「臺上一分鐘，臺下十年功」，實際歷練才能了解工作價值。
- 永保熱忱，一門深入，就能成為專家。

▶▶▶高苑科技大學土木工程系副教授　陳偉全

一九七〇年六月八日，交通部南北高速公路工程局成立，著手規畫興建中山高速公路。當時包括經費、人才、經驗等各方面條件都不足，臺灣省公路局遴派菁英前往日本、德國、美國等地學習，同時聘請國外專家前來擔任顧問且進行技術轉移。

就在那時，年輕的陳偉全有機會進入交通部南北高速公路工程局服務、參與「十大建設」之一——興建中山高速公路。他說，這是人生最感慶幸與最難忘的重要旅程。

勤勞好學獲信任

陳偉全出生高雄，日治時期父親曾任法院書記官，臺灣光復後當選高雄苓雅區區長，之後轉任高雄市苓雅區農會總幹事直到退休。

陳家有九個子女，生活開銷驚人。父母親重視教育且尊重子女，希望兒女對國家社會皆有貢獻；但父親公職薪水固定，母親於是利用住家旁的空地種菜、養豬，養雞鴨，生活雖然刻苦，但全家人樂而忘憂。

初中畢業後，陳偉全考取高雄私立正修工專土木工程科，但因年輕不懂事，人生缺乏明確目標，迷迷糊糊、懵懵懂懂玩了五年。

畢業即入伍，退伍前三個月積極準備就業，很幸運地，在一九七二年七月服完預備軍官役後，進入交通部南北高速公路工程局規畫組服務。

走入職場，陳偉全才驚覺很多該學的都沒學到！於是，他利用下班後參與施工估價、高樓結構分析等土木專技職能訓練，也加入青年社進行口才訓練，假日更常參與藝文活動、登山健行……

在臺北工作兩年間，大大拓展了視野、培養了潛能，也在長官和資深工程前輩的用心教導下，奠定了解決工地問題的能力。

國道一號中山高速公路於一九七八年通車，全長三百七十四點三公里，貫穿基隆到高雄，串聯起臺灣西部各大都市。在眾人歡騰慶祝的這一刻，一群負責興建高速公路的工程師和工程人員，卻因任務結束而各奔前程找出路。

時任高公局局長的胡美璜先生，認爲公路工程專業人才培養不易，便與成功大學取得協議，由高速公路局提供資源，推薦一批年輕有爲的工程師到成大進修。陳偉全很幸運隨班選修交通管理科學系課程，並插班考試取得學籍。當時他三十歲未婚，生活自在、樂在學習，大學畢業後又繼續進修取得碩士學位。

由於他忠厚老實、勤勞好學深得長官信任，一九九一年獲國科會第二十九屆補助科學與技術人員進修，一九九六年六月取得土木工程系博士學位。

二十六年的公務員職業生涯，陳偉全經歷交通部南北高速公路工程局規畫組、南區工程處岡山工務段工程施工、工程處工程考工、新工工務所路面整修計畫推行、拓建工程建設……從最基層的監工員、工程員、幫工程師、副工程師、正工程師，一直到材料試驗所主任退休，擁有完整的工程實務歷練。

公務員職業生涯中，每天面對的不是設計圖就是施工藍圖；完成這一段路，接著又開始築下一段路，所做的幾乎是同樣性質的工作。始終如一的職業生涯，一開始陳偉全也不是全然喜愛，但是看到一條路修築完成後可以便利很多人，他慢慢做出了興趣，也擁有成就感。

陳偉全不諱言，在學期間懵懵懂懂，透過實際歷練，才眞正了解工作的價值。「即使是以興趣爲取向工作，做久了也會覺得累；能把不喜歡的工作做出興趣、產生熱忱，就是成功的關鍵。」

開路，也爲生物留活路

受到父親公職人員生活、理念的影響，也被老師熱誠的態度感動，陳偉全小時候最想當老師，認爲應該像老師一樣奉獻、服務社會。可這願望，卻在高速公路局退休後才完成。

一九九八年八月，位於高雄的高苑工商專校升格為技術學院，欲聘請土木工程系專任老師。陳偉全如願獲聘後，便從高公局退休、轉任教職，負責教授運輸與土木營建施工管理相關課程。

轉任教職培育人才，是興趣也是願望。任教期間他最關注的，就是環境與自然生態之間的議題。陳偉全慎重表示，人類文明和運輸息息相關，在他二十六年的築路生涯中，歷經中山高速公路、北部第二高速公路、國道三號、中山高速公路汐止五股路段高架拓建工程到國道六號水沙連高速公路啓用，每段看似灰撲撲的建築過程，皆蘊含無數的生命故事與省思。

人類不斷拓展生活空間，卻剝奪了其他生物的居住場域，影響其生存權利；運輸建設發展，汙染、噪音隨之而來，自然生態、動物棲地、遷徙路徑被破壞，讓物種繁衍的環境更為惡化。

陳偉全舉紫斑蝶為例：「每年春季由南往北遷徙的紫斑蝶，單日遷移量超過一百萬隻；牠們在雲林縣林內觸口地區穿越國道三號時，有不少蝴蝶被高速行駛的車子撞擊而慘死路上。」

爲了保護紫斑蝶，交通部高速公路局於二〇〇七年開始實施「國道讓蝶道」生態保育創舉，在清明節前後封閉林內鄉附近高速公路外側車道，以利紫斑蝶順利往北遷徙；又在林內鄉附近加裝四公尺高的防護網，種植高大樹木以引導紫斑蝶安全飛越高速公路。這項措施實施後，紫斑蝶的致死率由二〇〇七年的百分之三，降至二〇一四年的千分之四左右。

「生命同等珍貴，都需要被照顧關懷。在進行每一項開發前，要思考生物永續共存、了解動物的自然習性與生存需求，不能任意破壞動物的生存棲地。」

陳偉全表示，人會發生車禍，動物也會，即使是空中飛的鳥類、蝴蝶，也難敵高速行駛的車輛撞擊；許多爬蟲類冬季爬上柏油路晒太陽，更常被車輛輾斃。

爲了使青蛙能每年回到繁殖場所，法國在高速公路挖掘地下隧道，使青蛙能安全橫越公路；日本高速公路則有野鹿和野兔專用的動物通道；美國、加拿大亦都有供哺乳動物、兩棲爬蟲類使用的穿越通道……

目前，國道三號、六號高速公路也已施設動物遷徙路徑自然生態坡道，讓小動物有路可走，設法減輕影響範圍及妥善維護動物生存權。陳偉全說：「就像設置人行陸橋或地下道，必須考慮使用者的習慣；設計動物通道，也要將動物本身的特性納入考量，才能設計出動物想走的通道。」

四十多年前，中山高速公路依地形、地勢而建，僅就工程經濟安全考量；建設第二高速公路時，開始加入景觀美化思維；到了國道六號，更引進生態觀念，強調工程與環境生態的融和共存，而中橫則因環評不過暫停開築……

道路工程對生態環境構成損害，因應之道唯有設法減輕其影響範圍。

陳偉全強調，興建道路不能僅考量經濟效益，還要顧及生態保育，維持生物多樣性；「任何開發或建設，都應爲動物留一條生路，提供牠們安全跨越道路的管道。」

一門深入就是專家

中山高速公路的興建，帶動城鄉發展以及經濟繁榮，更建構了臺灣四通八達的完整道路網，爲民眾生活帶來極大的方便與福利。陳偉全欣慰表示：「每次車行在高速公路上，我都可以很驕傲地向孩子們炫耀：這一條路我曾參與設計監造。」

造橋鋪路、建築隧道、蓋高樓等土木工程，都是爲人類打造舒適的生活空間、提升生活品質的行業；從初始設計到完成建築，土木工程人員所獲得的成就感不可言喻。

九千五百個日子，穿梭在高速公路之間，規畫設計、施工養護、道路管理……一門深入的研究領域，陳偉全從不厭倦。他說：「土木是『利他』的行業，我的人生也因爲從事土木而快樂。」

對於有心從事土木工作者，陳偉全建議，若想進入公家單位服務，得先通過各種國家考試，如：高考、普考、特考等，才能取得入門的基本門票；若要進入私人公司或企業，除了專業知識和技能，最好能取得相關證照，如：品管師證照、工地主任證照、技師證照等。

陳偉全說，任何行業都是「臺上一分鐘，臺下十年功」，「想成爲工程師，除了知識和興趣，最重要的是態度，要從工作中培養熱忱，一門深入，就是專家。」

人生小徑 遇見火金姑

撰文／吳進輝・相片提供／賴胤就

螢火蟲的微光雖不足以照亮世界，
卻足以點亮每一個人的心靈。
就像賴胤就從最初對昆蟲世界充滿未知，
偶然踏入、一窺螢火蟲復育的無盡挑戰後，
更加堅定目標，即使遭遇挫折仍持續不退……

職場心語

- 專家之所以成為專家，是因為嘗試過許多錯誤後，才成為專家。
- 別人走過的路，不一定適合自己；勇敢探索人煙罕至的崎嶇小徑，才能發現自我生命的桃花源。

▶▶▶ 怡然居螢火蟲花園負責人　賴胤就

才剛結束爲期十五天的馬來西亞沙巴、砂磱越旅程，人稱「螢火蟲先生」的賴胤就老師，一路風塵僕僕回到臺灣。

此行受邀前往馬國協助螢火蟲復育工作，一行人不只搭機、搭車，還得搭船過河，再步行三個多小時山路，抵達一處看似雜草叢生的野地，等待螢火蟲芳蹤。

暗夜埋守野外，只見到零星的螢火蟲閃爍身影，卻無意發現一隻赤腹櫛角螢的身影——這個長久以來一直被認爲是臺灣特有的品種，竟出現在三個多小時航程、名列全球第三大島嶼的婆羅洲土地上，讓賴胤就有他鄉遇故知的興奮感。

女兒一句話，人生大轉彎

賴胤就，屏東縣新埤鄉人。一九五〇年出生，國小畢業後轉學臺北，就住在現今臺北捷運「南京公寓（南京三民站）」附近的婦聯五村，就讀位於基隆路上已改制爲松山高中的松山初級中學。

中學畢業後返回屏東，進入屏東師範專科學校就讀。完成師專學業、服完兵役後，一九七一年分發到臺北縣瑞芳鎮瑞濱國民小學，校方賦予這位年輕教師「研究部主任」重任，除負責一般教學，還要帶領學生參與全國性科學研究展覽。

東北角海岸地區，每逢冬季時節，凜冽的東北季風吹襲，讓人備感寒意。但是憑著無所畏懼的精神，賴胤就果然不負眾望，帶領學生們屢屢在科展中獲獎。

繼瑞濱國小後，賴胤就調職到汐止長安國小，學校位於五堵火車站附近，在瑞芳員山子疏洪道尚未完成前，飽受颱風淹水之苦；一九八一年調任至汐止崇德國小，直到二〇〇四年退休，結束長達三十三年誨人不倦的教師生涯。

在崇德國小期間，就讀國小三年級、也是科展團隊之一的女兒賴怡蓁，撒嬌地問他：「爸爸！我們可不可以研究螢火蟲？我沒有看過螢火蟲哪！」

「好哇！」一句話，讓人生就此轉彎。

賴胤就與陳嚀英老師帶著四位學生，開始觀察記錄螢火蟲，團隊因此於一九九五年第三十五屆全國科展中，以「黑夜的提燈者——螢火蟲的觀察與特性研究」榮獲高小生物組第一名。

雖然參展獲獎被肯定，賴胤就認爲自己對螢火蟲仍充滿未知，好奇於白天小小一隻毫不起眼，有時還會遭人誤認爲白蟻的螢火蟲，晚上爲何會閃閃發亮？爲了有更深度的認識，他開啓了近三十年持續投入「螢火蟲復育」工作的契機。

提及螢火蟲復育，賴胤就強調，要從「螢火蟲生態」、「螢火蟲的生存危機」、「螢火蟲培育及人工養殖」、「棲息地復育與野放」，以及「螢火蟲復育所產生的商機」等五個面向來探討。

「想要在野外觀賞螢火蟲，欣賞牠閃閃發亮的身影，就要對牠有一些基本的認識。」賴胤就表示，一般人對螢火蟲有著刻板的美麗幻想，但其實螢火蟲可說是昆蟲界的「猛禽類」，水生類螢火蟲幼蟲的主要食物爲螺類，陸生類螢火蟲幼蟲則以小蝸牛、蚯蚓、馬陸及其他生物爲食。

爲了捕捉螺類，幼蟲有時會爬上螺類的背部，先與「食物」進行角力賽或是躲迷藏遊戲，等螺類失去戒心探出頭來，就以迅雷不及掩耳的動作，咬住螺類的頭部，再將具有昏迷作用的毒液注入螺類體內，等到對方陷入昏迷，才開始慢慢享用這一頓豐盛的生螺大餐。

依據文獻記載，全球約有兩千多種螢火蟲，臺灣大約有六十種。賴胤就強調，螢火蟲一年四季都會出現，春夏交替時節出現的機率較高；在海拔兩千公尺以上的阿里山地區，冬季甚至還會出現一種翅膀近乎透明的「雪螢」。

蟲卵大約經過兩週孵化才能成爲幼蟲，每一次蛻皮約需耗時五、六小時；幼蟲得經歷五次蛻皮、長達十個月才會化爲蛹，最後蛻變爲翩然飛舞的成蟲。

在野外觀察時，一般以發光器來分辨螢火蟲的性別，雄性螢火蟲通常有兩節發光器，而雌性的身體較長，只有一節發光器，甚至有部分種類的雌蟲沒有發光器。成蟲發光翩翩起舞的目的，在於吸引異性，進行傳宗接代使命，所以螢火蟲大多在夜晚發光，才能吸引同類的注意。

成蟲的生命極其短暫，大約十至二十天，多數雌蟲在完成交配產卵後就會立即死亡，雄蟲則大約在交配的五至十天後也將面臨終結一生的命運。

回歸自然，營造生存環境

爲什麼過去住家附近隨處可見的螢火蟲，一夕之間都不見了？賴胤就國中時期在臺北所住的地方，旁邊是一畦水田連著另一畦水田，每當傍晚時分，螢火蟲出現在身邊也不足爲奇；只是現在田野被道路與房屋取代，「螢火蟲不是在一夕之間消失無蹤，而是隨著環境變化逐漸消失。」

根據賴胤就研究，目前棲息在中低海拔及平地的螢火蟲，具有較大的生存危機——由於都市化發展，人口集中、高樓大廈從地拔起、道路大量興建、交通工具競相奔馳，考慮居家環境安全，大量引進高亮度路燈，雖提升民眾生活品質與方便性，但對於螢火蟲而言，卻得面臨棲息地遭受破壞的困境，讓螢火蟲發光器變得毫無用武之地，影響它們傳宗接代。

再加上農業轉型進行休耕，或是轉作旱作、改種其他作物，導致水生螢火蟲失去賴以生存的田地；爲因應農村人力短缺，旱地上大量使用除草劑，陸生螢火蟲失去屏障的草地，也就失去生存的契機。

農田休耕，或是變更爲其他用途，使得螢火蟲棲息的領地日益縮小，加上螢火蟲幼蟲的主要食物來源，如螺類與蚯蚓等大量減少，也影響螢火蟲生存與下一代繁衍，這些都是間接影響螢火蟲族群減少的原因。

相較於蜜蜂與蝴蝶等昆蟲，螢火蟲似乎不具備傳遞花粉的功能，當然也就無法幫忙植物進行傳續生命的良能，因此有人曾質疑，以人工養殖進行螢火蟲復育的必要性。

賴胤就表示，面對自然生態環境的改變，螢火蟲屬相對弱勢昆蟲，若沒有以人爲力量進行保護及培育，後代子孫恐怕就只能在書本或是博物館的標本室裏，才能看到螢火蟲。

他教眾思考生物多樣性的議題，希望生爲萬物之靈的人類，能夠學習尊重大自然，保護與我們共生息的各種生物，讓更多生物永續生存。

「人工方式進行螢火蟲培育，無法長久維繫族群的恆久生存，最終目標是讓牠們回歸自然，透過棲息地的改善，營造適合螢火蟲生存的環境，讓族群能夠在自然環境中繁衍下一代，這才是最根本的方法。」

賴胤就認爲，螢火蟲復育工作不僅有助改善螢火蟲的棲地，也爲人們提供了優質的居住環境，凝聚社區民眾的向心力、幫助社區總體營造，同時還可以友善環境、間接創造商機。在善的循環中，最終受益者還是人類。

「不要將所有的帳，都算到螢火蟲頭上！」賴胤就特別強調，各地政府針對螢火蟲復育投入巨額經費，從事棲息地整治、賞螢步道鋪設，甚至爲了保護民眾安全，還要架設護欄、涼亭、路燈等。但這些建設都是基於人類的需要，不是考慮到螢火蟲的需求。

「適度水深的溼地、乾淨的水源、適合的食物來源，才是螢火蟲所需要的。」根據多年來的觀察與實際參與，賴胤就發現，螢火蟲復育成功與否，完全取決於所屬單位的態度，「過度以人的需求角度思考，在棲息地設置過多的人工設施、燈光照明，這些都會干擾螢火蟲的生態。」

尤其是爲求棲息地達到多目標運用的功能，如果水池過深，或是在水池裏養殖魚類，造成螢火蟲的卵及幼蟲成爲魚類的盤中飧，復育工作幾乎已註定失敗的命運。賴胤就以「爲螢火蟲請命」的角度從事復育，強調尊重自然生態，盡量保留原始環境，避免人爲干擾，如此才比較有可能成功。

開路，尋覓人生桃花園

退休之前，賴胤就是一位盡責的老師，空堂時他總是走進學校所設置的螢火蟲生態教室，進行觀察與記錄；每週三下午的教師進修時間，他更是行程匆忙，驅車前往山區等待夜晚來臨，四處搜尋螢火蟲的身影；就連星期例假日他也幾乎在各地與螢火蟲爲伍……

每次與螢火蟲的美麗短暫相遇，留下完整記錄後，賴胤就在夜幕中驅車返家，此時家人幾乎都已進入夢鄉，他還得繼續準備隔日學校的教學；鎮日上山下山、南來北往，他樂此不疲，就爲了一睹螢火蟲的芳蹤。

「專家之所以會成爲專家，就是因爲嘗試過許多錯誤之後，才能成爲專家！」從開始研究螢火蟲至今，一路走來，賴胤就也是遍嘗錯誤，不斷累積寶貴經驗。

曾經在某個三月天，他帶十多名學生前往臺中東勢林場觀察螢火蟲，大夥滿心期待能在夜幕中看到翩翩飛舞的點點星光，卻在苦候多時後一無所獲，學生們大失所望。

「老師，您會失望嗎？」面對學生提問，賴胤就搖頭以對：「這一趟路並沒有白走，因爲我們已經完成一項田野調查，證明三月時東勢林場不會有螢火蟲出現。」

賴胤就希望學生能了解，人生中每一件事情都不是絕對，雖然付出後一無所獲，但若能學習換個角度看事情，其實就無所謂得與失。

投身教育界化育英才，賴胤就卻沒有隨著別人的步伐，從教師、組長、主任，然後通過考試升任校長，一步一步往上攀升，反而在中途找到自己人生的另一個機會，投入螢火蟲觀察與復育。

他以二十多年來研究螢火蟲所累積的實務經驗與專業知識，完成《臺灣螢火蟲家族》一書，更在報章雜誌、公共電視臺《下課花路米》等節目媒體中，以深入淺出的方式分享有關螢火蟲的知識，也常應邀到國內外指導螢火蟲復育工作，聲名遠播。

二〇〇四年，他在家人支持下從學校退休，回到位於屏東縣新埤鄉屏鵝公路旁、一塊原本種植蓮霧的土地上，建構出一個占地兩千坪的螢火蟲桃花源，命名為「怡然居螢火蟲花園」。

基於尊重大自然，園區裏保留大部分的綠地及淺水道，並建造一座生態保育館，以圖片與實體展示螢火蟲的生態，讓參觀者能夠近距離觀察；並精心規畫出模擬夜間環境的夜館，讓參觀者能目睹螢火蟲如點點星光般在身邊飛舞。

賴胤就希望「怡然居」不僅提供大眾休閒與教育功能，也能結合鄉親力量，共同推動社區改造工程。

這個夢想花掉賴胤就近半積蓄，期間亦遭逢挫折，幸得力於小學同學鍾富得的協助，賴胤就堅持「決定了，就堅持走下去」，目前園區已成爲地方特色之一。

螢火蟲的微光雖不足以照亮世界，卻足以點亮每一個人的心靈。就像賴胤就從最初對昆蟲世界充滿未知，偶然踏入、一窺大自然蘊藏的無盡奧祕，他持續深入探索，更加堅定目標與理想，即使遭遇挫折仍持續不退……

目前全家四口各自忙於自己的工作，而賴胤就爲了這方螢火蟲花園，經常南北兩地奔波，每年有一半時間都留在這裏。他深深體悟大自然本就是一間大教室，希望有更多年輕人一起投入、認識與疼惜大自然。

「如果沒有嘗試探索人煙罕至的崎嶇小徑，就沒有機會看到更多的奇花異草、聽到更悅耳的鳥叫蟲鳴，抬頭看見繽紛的彩虹。」賴胤就認爲，人生並非一成不變，別人走過的路，不一定是人生唯一的選擇；走自己的路，有朝一日，或許也能發現屬於自己的桃花源。

空中引路人

撰文／陳美羿、曾美姬・攝影／曾美姬

「廣播雖沒有五光十色，卻如歷久不衰的長青樹、陪伴成長的好朋友……」三十年的廣播生涯對慈韻來說，永遠有它迷人之處，她愈做愈歡喜，期待灌溉株株心苗，引人走向正道。

職場心語

- 化複雜為簡單，永保赤子心。
- 機器操作練久了就會，重要的是學習態度。

▶▶▶ 大愛臺廣播部經理　慈韻

三十多年來，「慈韻」兩字已和大愛廣播畫上等號；她是心靈園丁，每天用證嚴法師的智慧法語以及眞善美的人物故事，灌溉株株心苗；但是卻很少人知道，「慈韻」的本名是楊碧珠。

楊碧珠，一九五三年出生於雲林縣褒忠鄉龍岩糖廠；雖是本省籍，但是在那個年代，若是在學校裏講閩南語，可是會被罰掛牌子繞行校園一周。回到家裏，她也只會用母語與家人進行簡單的生活對話。曾經有人開玩笑跟她的父母說：「你們家怎麼養了個外省孩子，我講什麼她都聽不懂！」

從小在安穩環境中成長，她從不讓父母操心，但個性內向缺少冒險精神，更害怕上臺講話，對很多事都不敢嘗試。

世新廣播電視科系畢業後，楊碧珠曾任中廣「感性時間」節目助理、世新廣電科助教，後來服務於臺北市政府所屬的公辦托兒所。

每天下班後，她總是騎單車當作運動；放假時外出放風箏、自製創意卡片，也學習插花、烹飪，過著人人稱羨的自在生活。

一九八六年，楊碧珠認識慈濟，兩年後受證慈濟委員，法號「慈韻」。在慈濟創立之初，一般民眾認識慈濟訊息的管道，只有《慈濟》月刊；一九八五年十一月十六日，天南電臺「慈濟世界」開播，是慈濟第一個廣播節目；隔年中廣臺灣臺加入行列，收聽群更加擴大，爲慈濟廣電媒體開啓新頁。

當時的「慈濟世界」廣播節目由林義傑和柯美玉搭檔主持，後來又增加紀陳月雲（靜暘）和文素珍（靜潔）兩位主持人。兩人皆是廣播生手——紀靜暘每次想到要去錄音，就開始腸胃不舒服，雖然事前勤做功課，但是進了錄音間還是派不上用場，就好像到菜市場買了一大籃的菜，進廚房卻不知道要煮什麼；至於文素珍的情況也差不多，尋覓一個正牌的廣播人，是她倆時時掛懷心中的事。

一九八九年秋天，紀靜暘到吉林路慈濟臺北分會，巧遇新受證慈濟委員楊碧珠；得知她畢業於世新廣電科，靜暘如獲至寶，迫不及待央求：「慈濟廣播節目需要科班出身的主持人，你可有意願？」

面對突如其來的邀約，楊碧珠措手不及，最讓她無法下定決心的是，到慈濟做廣播，必須放棄公務人員資格。

「上人很辛苦，需要大家鼎力相助。」紀靜暘語重心長的一番話，打動了楊碧珠；她曾在中廣外製節目做過助理，也曾回到母校當過助教，廣播是她的最愛，更何況是做慈濟的廣播！

清涼音，宣流善法

認識慈濟的第二年，楊碧珠搭上「慈濟列車」，準備到花蓮靜思精舍參加年終聯歡會。火車上，紀靜暘請楊碧珠向會眾介紹慈濟；到了靜思精舍，又讓她拿起麥克風宣布事情……

那輕柔、溫婉的聲音，傳進證嚴法師耳中，法師特地從大殿走出來讚歎：「這個聲音好聽，很清涼……」

楊碧珠雖然初加入慈濟，卻很認同證嚴法師理念，自認過去生和法師有約，這一世要來傳法，幫助法師將慈濟精神理念推廣給大眾。爲了讓更多人能收聽到慈濟訊息，她默默承受父親的不諒解辭掉公職，一九八九年十月一日正式接棒主持「慈濟世界」廣播節目。

第一次進錄音室，和柯美玉、紀靜暘交接後，楊碧珠從此開始以法號「慈韻」爲名，獨當一面主持節目、在空中弘法，用聲音記錄慈濟的歷史。

早期的慈濟廣播屬於單槍匹馬作業，由於沒有錄音室，也沒有實體電臺，慈韻早出晚歸，每週一、二、三到板橋林義傑家借用錄音室，再揹著錄製節目的大小盤帶、卡帶，送到電臺委託播出，趕最後一班公車回到內湖住處，有時甚至睡在錄音室，清晨才回家。

有一天清晨六點五分，她行經臺北火車站地下道，民本電臺「慈濟世界」的片頭音樂揚起，她不由地放慢腳步駐足聆聽；見一旁小販專注收聽的神情，她內心生起一分感動，成爲支持自己一路走來的動力之一。

不諳閩南語的她，爲能精準地將證嚴法師的開示法語，透過廣播淨化社會人心，下定決心要學好母語。她藉由專注聆聽證嚴法師開示錄音帶，一字一句跟著練習，遇到較難記的字彙，則用注音符號標註在筆記上；因爲這分勤學不倦，讓她如今能夠說得一口流利的閩南語。

此外，每星期三錄完節目，星期四趕最早一班火車到花蓮，週四到週日在靜思精舍隨師採訪，成爲她全新的生活方式。慈韻說：「在花蓮要採訪、做筆記，星期一趕早班車回臺北，直接進錄音室製作節目。」

早年師徒比較有時間互動，法師經常跟弟子們宣講自己創辦慈濟的理念，以及慈善工作的方向，有時也會對單純而貼心的弟子分享一路走來遭遇的重重困難。慈韻在旁記錄，心中有感：「上人好累、好辛苦、好偉大。」愈是親近法師，她愈是覺得自己很有福報。

渡與悟，素人開講

一九九〇年底法師行腳在外，慈韻利用車行期間，播放近期採訪的慈誠隊員現身說法。聽見有師兄自嘲，生平只會吃喝嫖賭、詐矇拐騙，而今接觸慈濟，已將習氣一掃而空，負責開車的李清波居士頻頻發出會心笑聲。法師也指示，這些帶子要盡快廣爲流通，幫助迷茫人生導向正途。

隔年元月，慈濟基金會和行政院新聞局、勞工委員會合辦「幸福人生講座」，邀請慈濟委員現身說法。主講者雖然都是演講素人，但說的是自己的故事，特別生動感人。婆媳問題、夫妻問題、親子問題……臺上痛哭懺悔，臺下也陪著流淚檢討反省，慈韻身爲主持人，竟也忍不住跟著哭。

一百三十三場叫好又叫座的演說內容，於一九九一年八月由慈韻製作成「渡」的錄音帶出版流通，希望能讓聽者「從煩惱中流渡到清淨的彼岸」。

以閩南語發音的「渡」錄音帶，總計發行十二集，收錄二十七位志工現身說法；每捲才二十五元，每次上架就被搶購一空，不少慈濟委員請購全套當成「伴手禮」送給會員。

此後，慈濟廣播組又製作國語發音的「悟」系列，共有十五集，屬於演講帶。「渡」和「悟」的錄音帶發行後，影響非常大。

網路電臺，隨時收聽

由於民本電臺「慈濟世界」節目收聽範圍只限北部，慈韻構思要將節目拓展到全省，於是拜訪漢聲電臺副總臺長劉鵬翼。劉先生肯定證嚴法師理念，認同慈濟廣播具有傳遞好人好事，帶動心存善念的功能，在請示上級後，於一九九一年元旦起，提供每週六天，每天一小時給慈濟，是臺內唯一的閩南語節目。

十月慈濟臺北分會啓用，隔年十月慈濟廣播於臺北分會設置專屬錄音室；歷經七年，「慈濟世界」終於有了自己的家。

一九九一年七月一日，復興電臺開播「慈濟世界」節目，免費提供慈濟播出三年，讓全臺灣都可以聽到「慈濟世界」節目；一九九五年七月一日「慈濟世界」在中廣資訊網播出，週一到週六，每天一小時；一九九六年節目挪到中廣新聞網繼續播出，更名「眞心看世界」。

二〇〇五年元月一日，位於關渡的慈濟人文志業中心啓用，九月一日大愛網路電臺開播，聽眾只要利用電腦和網際網路就可以收聽；不須傳統發射臺，不受時間限制，可隨時點選收聽想要聽的節目。

隔年三月，大愛網路電臺新闢ＬＩＶＥ現場節目，聽眾不但可以聽見聲音，還可以透過直播看到主持人；而今，更透過臉書直播讓聽眾收看主持人和來賓互動，也能播放影片和照片日誌ＰＰＴ，與傳統廣播大不同……

主持現場直播節目，得訓練自己如八爪章魚般，多功能、多角色，流暢地操作各式器械。慈韻說：「熟練就好了，但需要一段時間操作演練，所以不是每位主持人都可以上現場，需要職前訓練。」

口齒清晰、聲音有特色、反應敏銳、表達能力佳等，都是廣播人的基本條件；慈韻表示，除此之外還需針對節目類型，展現專業及豐富內涵，節目才有可聽性。

慈韻每星期三進錄音室錄「愛灑人間」和「真心看世界」，每次錄兩集；一個小時的節目，前置準備需要四個小時。在狹窄的錄音空間裏，她對著麥克風想像，另一端有很多人在聽，聲音才會講得自然、有感情。

靜思好話，穿越高牆

三十年的歲月有多長，三十年的道路有多遠；歲月無盡，廣播模式跟著社會脈動遞變，但不變的是廣播的影響力以及魅力，依舊深深打動人心，陪伴許多人成長，甚至影響受刑人轉換人生路。

慈濟志工高惟碤是更生人，從小立志當流氓，壞事做盡最後鋃鐺入獄。直到獄友拿佛經結緣，介紹他當慈濟會員、收聽慈濟廣播，他說：「我的心開始淨化，漸漸懺悔改邪歸正。很感恩有『慈濟世界』廣播節目，讓我在獄中發好願。」

二〇一二年，證嚴法師推動「八分飽，兩分助人好」，透過慈韻在廣播中呼籲，嘉義鹿草監獄有一百多位受刑人熱烈響應，雖然他們每月的勞動金只有約八十元，卻願意省下抽菸錢、少吃麵包，每月寄來郵票代替現金助人，一個月總數可達一萬多元。

從監獄、看守所寄出的信都會蓋上紅色檢查章，慈韻收到的來信幾乎遍及全臺灣各地監獄；廣播充分發揮了無遠弗屆的特性，穿越高牆進入受刑人的內心，讓他們有機會沈澱省思。

其中，張文儒在獄中聽到慈韻說：「人生劇本上半場沒有寫好，沒有關係，但是下半場一定要重新寫劇本……」他恍然大悟，寫信與慈韻聯繫，發願出獄後要做慈濟志工。

出獄後，慈韻如師、如母、如姊、如友，愛的接引讓他重生，如今他已是受證的慈濟志工；在慈濟認識的妻子林語嫻，也以「一念善起，福雖未至，禍已遠離」來詮釋張文儒的現在，「慈韻是他的貴人，牽起他走進善門，拋棄過去的無明。」

當時張文儒在監獄裏所寫的信，慈韻至今仍保留。她說：「收到很多受刑人寫信的字體都很工整，一看就是聰明人，只是一念之間跌了跤，需要旁人拉他一把。」

就如臺北有位受刑人黃致忠，因聽了慈濟廣播「靜思晨語」後，同樣以郵票捐款。慈韻很快地回信鼓勵，並定期寄送《慈濟》月刊，讓黃致忠的內心產生安定力量；假釋出獄後他馬上尋找「生命中的貴人」，在慈韻的鼓勵下，加入慈濟行列並受證爲慈誠隊員。

「傳道跟弘法，是人文志業中心唯一的目標，所以人文最高的使命，就是引人走向正道。」慈韻認爲，大愛廣播節目很生活化，跟緊社會脈動，報導人性底層的聲音，也報導眞人實事的善心善行，這都是目前臺灣社會最需要的。

上人心血，珍藏提醒

慈韻身邊收藏了一小盒的棉花，是二十幾年前在精舍隨師時，看到法師經常要打針，她順手將法師打針後按壓的棉花給留了下來，「這上面滴著上人的血，令我想到『片瓦滴血上人心』。」

當年證嚴法師發願興建花蓮慈濟醫院與慈濟護專，一磚一瓦都是那麼辛苦不易，慈韻內心不捨，發願要善用廣播媒體傳播法師的法，讓更多人了解慈濟的精神和理念。

一九八九年十月，慈韻接棒主持廣播時，證嚴法師叮嚀她：「化複雜爲簡單，永保赤子心。」她謹記在心，往後碰到很多人與事問題，都是抱著一顆簡單的心去面對。

對於年輕學子想走廣播這一行，慈韻鼓勵他們，機器操作練久了就會，重要的是學習態度，和一顆對廣播的熱情。「廣播雖不是主流媒體，沒有太多的五光十色，卻可以讓人靜靜聆聽，如歷久不衰的長青樹、陪伴成長的好朋友。」

從「慈濟世界」到「愛灑人間」，三十年的廣播生涯對慈韻來說，永遠有它迷人之處，「時間的流動，只會向前不會倒流；生命也是單向的，只會隨著時間而成長、老去；每天有做不完的慈濟事，讓我愈做愈歡喜，從來不後悔。」

行家軟實力

深具愛心的人文素養，是人工智慧無法取代的。
年輕人除了用心追求專業，具備創新、創意新思維，
更要品味豐富人生、挖掘生命寶藏，
持續培養自我軟實力。

當家作主

撰文／張嘉澍．相片提供／張嘉澍

含著「金湯匙」出生，歷經「鐵湯匙」生活，
在電腦起飛普及的一九九〇年代，
他抓住機會，成功晉級「不鏽鋼」人生……
從在意「價格」到選擇「價值」，
要如何為自己的人生當家作主？

職場心語

- 順應時勢，不輕言放棄，堅持到底；只要願意下功夫，下顆蘋果或許就是你。
- 膽識，來自不斷地學習和觀察累積，不管能力有多少，真心付出最重要，心動才能行動。

▶▶▶珀輔電腦科技企業公司總經理　張嘉澍

作家侯文詠書中有一段故事：

一位五歲小孩，被問到將來想就讀什麼學校時，他回答：「建國中學。」

再問：「建國中學畢業之後呢？」

小孩說：「臺大醫學系。」

「臺大醫學系畢業之後呢？」小孩想了想，回答：「我要開計程車。」

孩子不合邏輯的思考，乍聽讓人失笑，但若仔細推敲，便能分辨出來自小孩的自我認同價值，與從別人處獲得價值的不同之處。

來自別人的價值或許是世俗所認知的「價格」，唯有來自本身認知的「價值」，才能對自我人生的未來路，無悔的堅持下去。

辛苦生活，寶貴歷練

回憶我的孩童時代，母親是小學老師，要求我們成績名列前茅，美術、鋼琴、書法、演講等，各種才藝更是樣樣不少。

爺爺熱衷政治，童年的我經常跟著大人手拿糨糊桶，暗夜裏在路燈、石柱上張貼競選海報；也曾坐上宣傳車，用童稚的聲音對著麥克風廣播：「拜託！拜託！各位親愛的父老兄弟姊妹，市長候選人某某號，懇請您投下神聖的一票！」

懵懂無知的年紀，雖知這是爺爺決勝負的選戰，但小小心靈無法體會競選的壓力與落選的哀愁，只懷抱著有趣好玩的想法。

爺爺多次競選失利、耗盡家產，一家人從原本優渥的生活，淪落到四處租屋搬家，債主屢次上門討錢。從富到貧的日子對小孩來說無感，但母親卻因此不時耳提面命、苦口婆心叮嚀我們要好好念書；日子一久，每當她要開口教訓，我們早已滾瓜爛熟的幫她接話。

原是含著「金湯匙」出生，後來淪爲「鐵湯匙」人生，玩具、零用錢對我們而言是奢侈品，總是羨慕別的孩子過得比較好。

國中時，我的學業成績總維持在全學年前三名，老師特准我不用參加早自習。我想幫家裏減輕負擔，應徵了送早報的工作，卻苦了母親必須日日早起準備早餐。

每天凌晨三、四點出門，先抵達報紙分發地點集合，將廣告傳單逐一夾進每份報紙裏，接著展開長達七公里的送報路程。在天未亮的冷清街道上，除了背負一疊疊厚重的報紙，只有小狗相伴。

有些訂戶家住樓上，就得將報紙用橡皮筋捆成棒子，用力丟進訂戶家陽臺；丟久了，成功率自然提升。

看似辛苦的打工生活，卻是一段難忘時光，也練出一手投擲報紙的好功夫；至於幼時拜票的彎腰哲學，也塑造出日後穩健的臺風及無礙的口才、練就商場必備的柔軟身段，讓我有機會從「鐵湯匙」人生，晉升到「不鏽鋼」人生。

這些年教會我的事：

※ 逆境可以鍛鍊心志，增強抗壓。

※ 找出體內快樂的基因，幫自己面對逆境。

正是時候劍出鞘

退伍後，我找到一份與金融投資相關的工作，主要負責招募資金、投資國際金融商品。當時每天西裝筆挺、收入較同輩優渥，自認是份「外在價格」不錯的工作。

年輕的我，只考慮自己能從工作中得到什麼（What），卻沒去想為什麼（Why）要從事這個工作，或是為什麼喜歡它？直到公司因為金融法規不完善，遊走灰色地帶而結束經營，我才發現，一份工作如果缺少對人生的意義與價值，無法帶來眞正的滿足感，只要一點風吹草動，便無法長久走下去。

幾經思慮後，決定從零出發、從頭學習。我進入一家在臺灣舉足輕重的電腦公司擔任維護工程師，薪資不到前份工作的二分之一；但眞正痛苦的是，在校時雖然學電機，卻不曾有過個人電腦，一切都是進入公司才開始學。

九〇年代的電腦，除了黑白螢幕外，沒有滑鼠也沒有網路；爲了學會專業技能，除了不恥下問、虛心求教，親手撰寫的電腦維修武功祕笈，更是訣竅。每當公司高手親自傳藝時，我總是凝神傾聽他的電腦論述，再專心觀察他的維修技術，傾力吸收、作成筆記。

靠著這本祕笈，之後客戶叫修電腦，總能手到病除，贏得信賴，還紅到調查局、紐約銀行等大客戶，指名前往服務與教學。

一般來說，懂技術的工程師，不一定擅長表達，而能言善道的業務員，也不一定了解技術層面。我從小伶牙俐嘴，在母親的「惡勢力」影響下，參加數次演講比賽，上臺的恐懼比別人少了點，臺上口沫橫飛的揮灑，又比別人多了點。

我感謝母親的嚴厲培育，爲我薰陶出無法取代的內在氣息，加上自我累積的電腦實力，讓我有機會從維護工程師轉戰電腦講師，學員涵蓋學生、教師、醫師、律師、公務員、企業主……一年大約教出五百多位學生。

記得微軟推出《辦公室應用軟體全新視窗版》時，我曾應邀到臺北學苑的演藝廳演講，當天約有三百多位中小學教師風塵僕僕地從全國各地前來，聆聽這場新應用軟體課程。

偌大的舞臺上只有我一人唱獨角戲，能對數百位老師肆意揮灑自己的專業、成爲老師的老師，這種機會罕有，對於準備好的人，機會來了絕不讓它輕易溜走。

當時走在臺北忠孝東路四段上，經常聽到有人喊我：「澍老師」，桃李滿天下的高人氣，讓我在投入電腦補教業多年後，獲得出版社邀約撰寫電腦書籍。我每天抽出一小時寫稿，長達半年才完成第一本電腦應用軟體專書，當時個人電腦也才剛開始配備滑鼠。

日本人氣餐飲創辦人橫山貴子曾說：「逃跑，不是懦弱的表現，而是爲了更接近理想生活的必要過程。」從事資訊教育九年後，我發現自己在電腦教學領域已達瓶頸，不如利用專長轉換跑道，讓自己再學習與成長。

在打工與創業間猶豫不決時，感謝學員中有一位企業主激勵我轉換戰場，創立科技公司爲企業做資訊教育訓練與電腦診斷，利用專業直接服務客戶。

這些年教會我的事：

※找到符合自己內在價值的工作。

※除了用心，還要有自己的壓箱寶。

※隨時做好準備，機會來才能抓住。

※善用專長，適時轉彎才能突破。

一堂價值百萬的課

二〇〇二年，我遠赴大陸投資，提供上海、昆山、蘇州等地臺商全方位的資訊整合服務；除想藉此提升個人國際觀，也希望能夠增加財富。

「在家靠父母，出外靠朋友。」出門在外最需要的就是朋友，說穿了就是人際關係；剛到上海打拚，加入臺商協會、拜訪臺商企業是我的首要任務。

客戶分散各地，路途遙遠，只能倚靠火車與客運交通運輸，有時一天只能拜訪一家。火車上旅客熙來攘往，拎著竹籠、扛著麻袋，擁擠非常，莊稼人獨特味道彌漫全車；出了車站，西裝皮鞋蒙上一層厚厚黃土，彷彿回到復古年代。不禁自問，放著百萬年薪的講師不做，所爲何來？

靠著人脈，屢屢接獲訂單。一位臺商朋友介紹了一樁生意，買家向我購買了一批價值四十多萬人民幣的電腦。

對方也是臺灣人，我因此沒拿訂金，案子完工後，對方卻沒付款。

幾經協調，原本答應先給三分之一款項，但我堅持一次拿，然而寬限期過了，就再也找不到這號人物了。

原以爲在人生地不熟的對岸，同樣來自臺灣的同胞，就算不是鄉親也有土親，怎知人算不如天算，被臺灣人倒帳。

一個商品或專案的銷售，如果不能堅持交易原則，不但賺不到薄利，還會把成本賠進去。在五光十色的上海，我上了寶貴一課，只是這門課的學費給繳貴了。

人生難免遭遇逆境與失敗，要避免一錯再錯，就要先認清失敗。世界太複雜，不可能在家端坐就能想清所有事；走出去闖一闖，才能看清自己想的是對是錯；能誠實與錯誤對話，小失敗才能帶著你大躍進，屆時成功就近在咫尺間了。

二〇〇三年ＳＡＲＳ疫情蔓延，許多進出兩岸的臺商被居家隔離，因此影響了商機；既然生意不如預期，我思考接下來要投資什麼？

要投資就得找大師學習，投資界大師華倫．巴菲特（Warren E. Buffett）說：「我的工作是閱讀。」可見讀書對其影響之重。

本身學電機，從事電腦教學與服務，卻在商場打滾，如果不懂國際間各種商業模式，從商的格局小且風險高。在列出所有投資選項後，我決定投資自己——重返校園攻讀ＥＭＢＡ（高階經理人碩士）。

憑藉十多年工作經歷，申請到美國排名前五十的國立大學——愛荷華大學Tippie商學院，每週末去香港上課，同學來自美、印、韓、港、臺及大陸等地，平均年齡三十二歲，當時我卻已近不惑之年；但為期兩年的臺港往返，讓我熟悉香港的人情風貌，同時建立國際人脈。

這項投資不僅得以將學術理論與商務結合，把過往商界經驗轉成課業上的研究報告，透過與各國同學間的小組討論、相互交流，進而將自己推向國際，不但滿足心中的學術地位，也實現年輕時出國求學的夢想。

這些年教會我的事：

※能誠實與錯誤對話，小失敗才能帶領邁向大躍進。
※任何交易都不能輕易地無條件信任與套交情妥協。
※學習巴菲特，最好的投資是投資自己的腦袋。

「給」比「受」更有「值」

二十四、五歲時擔任資訊講師，鐘點費很高，短短幾年內就購置一輛兩百多萬的名車。自認顏值不菲的我，頂著講師光環，總是一身時尚，從皮包、鞋子、手錶、領帶到皮帶，都需考究搭配西裝與襯衫材質，「雅痞老師」封號不脛而走。

在商場走了一圈，歷經人間的虛榮與名利，每當夜深人靜時不禁捫心自問，兒時背誦「格物、致知、誠意、正心、修身、齊家、治國、平天下」的自己，如今何在？

二〇〇八年三月二十九日，好同學柳宗言來電邀約：「有一個去花蓮的套票行程名額，只要攜帶衣服，食宿行全包，如果不去就浪費了。」

我心想，眞不愧是好哥們！

到了花蓮，入住五星級飯店，由於天色尙早，先到花蓮靜思堂聆聽導覽，又在書軒巧遇靜思精舍師父，受邀隔日到精舍參加早會。

凌晨四點多就得起床去靜思精舍，原本的行程從飽覽太魯閣、七星潭風光，更改爲精進行程；我心中嘀咕，眞是浪費了飯店溫暖的床與精緻的早餐。

早會結束，在柳宗言鼓勵下抽取一張「靜思語」，翻開後心中狂顫！上面寫著：「看別人不順眼，其實是自己修養不夠。」

從小被母親要求凡事盡善盡美，因此遇到他人表現不佳，總認爲是對方不夠認眞，內心不認同的態度形於色。這張「靜思語」，如當頭棒喝般指出我多年來的傲慢心態。

柳宗言與妻子林蔚綺，都是留美碩士、任職企業高階主管，卻毅然放下令人羨慕的職位，到慈濟志業體任職付出；其人生目標與方向的改變，令我靜心思考，是否該停止汲汲營營於世間的榮祿享受？

幾經思量後，我心想：做個「給」的人，比做個「受」的人，更有「值」，因此決定把握機會，走一條深具意義、與眾不同的路。

成爲慈濟志工後，除了貢獻資訊專業，也加入慈濟大學「慈懿業師」團隊。團隊集結各行各業菁英，透過分享人生奮鬥過程的心血結晶，讓青澀徬徨的大學生及早了解未來職場脈動，並藉由業師經驗孕育能量，激發創造力，拉近實現與夢想的距離。

一次受慈濟大學人文處之邀，爲參與志工課程的學生上文書、簡報、修圖、剪輯、行動裝置實務應用等電腦課程，我以「賈伯斯的祕密」爲題，分享美國蘋果公司創辦人之一賈伯斯（Steve Jobs）的傳奇一生。

賈伯斯於二〇〇七年揭開第一代 iPhone 的神祕面紗，從觸控螢幕、隨時上線、不再迷路、人人都是攝影師到電子交易等，蘋果的創新，改變人類的生活模式。

賈伯斯讓蘋果發光發亮的靈魂就是——創新，這也是決定能成爲領導者或跟隨者的區別。不同於多數公司總是先研發產品，再讓設計團隊包裝行銷；賈伯斯卻是先想出好點子，再讓研發團隊完成。方向迥異，蘋果卻引領潮流，顛覆世界。

行動裝置世代來臨後，企業紛紛順應時勢推出行動版的網站及應用程式，公司的服務類型如ERP（企業資源計畫，一種將人事、財務、生產、製造到銷售等各功能整合的系統），網站、郵件主機等也必須轉型到行動版的相關介面，這是資訊界走在尖端求變求新的快速體現，沒跟上就等著被淘汰。

從指紋辨識到人臉辨識，從太陽能到無線充電，蘋果造就無數英雄，扶起無數新創公司；「創新求變，追求完美」，是在瞬息萬變世界裏生存的不二法則。

賈伯斯不只改變產業型態，更以令人稱奇的一生來激勵人心。他過世後，《賈伯斯傳》與電影相繼問世，儘管世人對他評價兩極，賈伯斯影響人類的事實不可抹煞。

我與學員分享賈伯斯的勵志名言，共同激盪一段美好時光：

一、一定要找到自己喜愛的事物。

二、絕不、絕不、絕不、絕不放棄。

三、人生有限，別浪費時間爲他人而活。

四、一生做不了太多事，所以要把每件事都做到完美。

五、把每天都當作人生的最後一天來活。

蘋果的新品發表會，總是吸引全世界注目，除了產品本身，最令人期待的就是賈伯斯精采的簡報。我與大家分享，賈伯斯不是天生演說家，幾十分鐘的演講全靠每天數小時、數週反覆演練，並錄下練習時的影片來觀看、檢討、再練習，這是賈伯斯尋求進步的方式，以及把事情做到完美的態度。

賈伯斯說故事的魅力與讓人折服的簡報技巧有：

一、找出適合的大標題，簡單就是美。

二、用一句話形容，展現你的熱情。

三、別怕犯錯，練習、練習、再練習。

這堂課結束後，我看見同學們的眼神炯炯發光，洋溢重新出發的笑容。希望學員從成功者的行事風格中，領悟其精髓後再加以發揚光大。

十年前，全球資訊業是微軟與ＩＢＭ電腦設備商的天下，短短數年間，當Apple與Google相繼推出智慧型手機與平板後，機器人、ＡＩ人工智慧、無人自動駕駛、無線充電到３Ｄ感測，完全改變世界依存的順序；下個十年會是誰當家？只要願意下功夫，下一顆蘋果或許就是你。

把對的事做對

「複製」是邁向成功的捷徑——TOYOTA汽車公司利用「複製」概念，三百六十度攝下老師父的修車技術，建立標準作業流程，快速培育年輕汽修技師；奇威服飾利用複製銷售最佳的分店模式，成功賣掉難賣的衣服；母親的叨念更是複製界的翹楚，成功訓練出能言善道的我。

複製的力量很大，就是「簡單的事情重複做」。但做事情還有分「對」與「錯」，每次請課堂上學員在「Do the right things!」、「Do the things right!」中選一個，總讓大家猶豫而無從選取。

有次在大學主持會議，與會來賓將近八百位。會中，我借用慈濟大學王本榮校長曾分享的主題串場：「在大學學做大人，在小學就要學做小人。」正當臺下的來賓啼笑皆非時，我話鋒一轉：「在大學就是要學做『大愛無私』的人，在小學就要學做『縮小自己』的人。」贏得滿堂喝采。

每個人都有自己的成長過程與人生故事，不管此刻的成就有多大，都經歷過社會新鮮人的初階，才能晉升到資深前輩的高階。

時下部分年輕人求知欲、抗壓性較不足，受挫時，先埋怨別人聲色態度不佳，而非先反省自己能力不足；歷經人生淬鍊的長者，又常倚老賣老地教訓晚輩，欠缺親和力難以相處。

有位老師告訴我：「當你是社會新鮮人時，千萬不要讓人看不起；當你成爲資深前輩時，千萬不要讓人討厭。」這觀念適用於各行各業、男女老少，這也是賈伯斯二〇〇五年在美國史丹佛大學畢業典禮上，送給畢業生的勉勵：「求知若渴，虛心若愚！（Stay Hungry, Stay Foolish!）」

天下霸業非一人可成，歷經爾虞我詐的現實社會後，人生的成功失敗、悲歡離合，難以預估與試算。若想做到老子所說「利萬物而不爭」，倒希望青年學子從別人故事中，擷取精華，去蕪存菁，用「專注的精神」與「正確的練習」來完成自己的夢想。

所以眞正的答案是：「Do the right things right!」——把對的事做對！

耐壓人生

撰文／丁碧輝．攝影／林豐隆

身為臺灣唯一連續三屆擔任
國際技能競賽職類裁判長，
張文漳的大半人生
與技能競賽和裁判工作結下不解之緣。
見證過比賽的殘酷，他認為競賽只是一時，
與人為善才能創造好人緣；
擁有好人緣，遇事往往就能化險為夷。

職場心語

- 面對各式各樣、出乎意料的問題，沈著、冷靜是不二法門。
- 隨時充實自己，成為頂尖，就不易被取代。
- 所謂「溝通」，包含一顆「與人為善」、「廣結善緣」的心念。

▶▶▶ 國際技能競賽裁判長　張文漳

連續多日夏季高溫，破了全臺五十多年的氣象紀錄。清晨六點，張文漳從臺北出發，來到位於臺中的「勞動部勞動力發展署中彰投分署」，爲第四十七屆全國技能競賽「應用電子」職類擔任裁判長，並承擔命題任務。

全國技能競賽是國家採選優秀技職人才的重要比賽，選手們先在北、中、南三區進行分區選拔賽，入選區域競賽前五名者才能參與全國賽。這次共有三千零七十九位選手、參與七十五個職類的全國競賽。

比賽前一天，各類別的裁判長、裁判、選手，甚至工作人員和器材供應商，齊聚考場爲賽前做最後準備。張文漳穿梭在試場和會議室之間，與裁判們就比賽應注意細節再次叮嚀、和供應商一一核對儀器和組件，一會兒又去開裁判長會議……忙進忙出、片刻不得閒。

選手們早早就在休息區等待進入試場，年輕不脫稚氣的臉龐，有些看來從容不迫，有的卻是難掩緊張，也有老師陪伴在側，不時交頭接耳殷殷提醒……

比賽尚未開始，緊張的肅殺之氣卻已彌漫整個空間。在張文漳一聲令下，選手魚貫進入試場、圍坐一圈，仔細聆聽裁判長布達考場規則及儀器使用注意事項。

張文漳的聲調鏗鏘有力，時而幽默、時而嚴肅。從三十多年前開始協助企業辦理技能競賽，到成爲國家勞動部技職競賽的主事者，他雖歷經職場職務的更迭，但「技能競賽裁判長」卻是他不曾改變與放棄的身分。

外表斯文、戴著眼鏡的張文漳，言談中透露出堅毅果決的個性，還有一分藏也藏不住的柔軟：「比賽，就是爲了要贏！有時候看到選手明明很優秀，臨場卻出狀況，我的心在滴血，滿腦子想的都是：該怎麼幫他？」

帶著胃藥出國比賽

一九五二年出生於嘉義市的張文漳，服役退伍後考入當時首屈一指的大同公司，半工半讀了四年，二十五歲那年從臺北工專（今國立臺北科技大學）電機工程科畢業，負責電子產品生產線的製造技術。

當時臺灣經濟起飛，一九七一年臺灣第一次參加在西班牙舉辦的第二十屆國際技能競賽，在國家政策鼓勵下，企業為網羅優秀技術人才，大力贊助全國技能競賽，讓選手們可以相互切磋、彼此觀摩，提升專業技能；成績優異者，更有機會被招攬進入優秀企業工作。

如今，全國技能競賽改由「國家勞動部勞動力發展署」主辦，由於成績優異的選手可直升國立頂尖科技大學，因此成為技職學校師生非常重視的競賽。

張文漳初進大同公司任職時，他的主管就是當時視聽電子職類的裁判長，負責技能競賽命題、設備張羅、國手訓練等工作。從協助主管處理競賽事項，到後來成為主要承辦者，他的大半人生都與技能競賽和裁判工作結下不解之緣。

一九七九年起，他開始參與國家選手訓練，一九九一年開始帶隊參加「國際技能競賽」，征戰荷蘭、法國、瑞士、奧地利與加拿大等國，在參與過的十一場比賽中，親手訓練的國手奪得六面金牌、兩面銀牌和一面銅牌及一次優勝，成績斐然。

參與「國際技能競賽」，是技職生提升專業技能與未來發展的重要樞紐，想要獲選成爲國手，需先在政府舉辦的全國技能競賽中取得優異成績，再經一年培訓通過，才能代表國家站上世界舞臺、展示我國職業技能教育的成果。

張文漳是臺灣帶出最多國際金牌選手的國際裁判長，可說是凡參賽必得獎；但是，帶國手出去比賽，卻也是他最沈重的心理負擔。

身爲國手教練，張文漳得在賽前爲選手規畫訓練項目，幫助累積技能競賽的知識與經驗。選手得獎，前途一片光明，教練與有榮焉；反之，花費青春歲月、辜負眾人期待，不僅選手信心受挫，張文漳更是掛心。

有時看到團隊費盡心力培植的選手，明明準備充分，卻在面對國際大賽時臨場失常，或是因爲緊張過度、無法展現應有的水準；或是耍小聰明、犯下不該犯的錯，大意失荊州……張文漳總是感到心痛。

如何助選手一臂之力？他將內心的煎熬藏得很好，沒有人能看出他的心在淌血，而這也是他每次帶選手出國比賽，行李箱中總是少不了一大罐胃藥的原因。

張文漳說，在世界級賽事中，面對各式各樣、出乎意料的問題，他總是要求自己：「沈著、冷靜，愈是棘手，愈要冷靜。」

「結果」和「過程」一樣重要

除了帶隊參賽，張文漳更從國手教練晉升爲國際裁判。

國際競賽的裁判長，是由各參賽國於每個比賽職類中各提名一位裁判人選，經大會技術委員會挑選最適當者、成爲該職類裁判長。張文漳是臺灣截至目前爲止，唯一連續三屆擔任國際裁判長的人。

多年來，從擔任教練、裁判到國際裁判長，張文漳說，面對壓力能沈著應對，與自己的成長背景有關。

從小，父親好賭，欠下龐大賭債；債主拿著武士刀登門討債，父親離家躲藏，母親只能夜以繼日地拚命工作。小學三年級開始，張文漳就要煮飯燒菜、照顧兩位弟弟；高中就讀嘉義高工，爲了分擔家計，他每天早上五點起床送報再去上學。

成長路上，張文漳看盡了人情冷暖，養成好強不服輸的個性，再加上職場訓練，造就他的裁判路能夠磨練出冷靜、堅持、臨危不亂的性格。

「比賽就是要贏！這是永遠不會改變的硬道理。」擔任教練、裁判長多年，眼見國內選手成績一年不如一年，張文漳內心感到擔憂。他認爲，成功並非憑空而來，「雖然常說『過程』重於『結果』，但站在專業裁判長角度，隨時充實自己，讓自己成爲頂尖、不易被取代的，這種信念不只適用於競賽，更是一種終生受用的學習態度。」

參與世界級比賽，與會人士來自各個不同的國家，「語言能力」也是選手和裁判必需具備的專業技能。張文漳下足了工夫學習英語，他勤讀英文書報雜誌，還利用時間去補習班進修。

雖然英語是世界共通語言，卻會因爲各地母語不同而影響英文發音，張文漳在一次次的世界競賽中，與來自世界各地的選手、教練、裁判互動，磨出扎實的英語溝通能力，但他認爲，所謂的「溝通」，也要包含一顆「與人爲善」的心念。

每位參加世界賽的選手都是該國家選拔出來的頂尖好手，身上背負的不僅是個人的前途，也是國家的希望。張文漳認爲，裁判長除需具備專業知識、外語能力，更重要的是臨場反應和溝通技巧，必須秉持公平、公正、公開原則，將比賽的不確定因素降至最低，讓賽程順利、賽事圓滿。

「雖然比賽過程是殘酷的，各憑實力取勝，但競賽只是一時，與人爲善才能爲自己創造好人緣；擁有好人緣，遇事往往就能化險爲夷。」

張文漳說。

棘手的事，有他就安心

目前我國各項技能競賽的裁判或裁判長，均須透過「勞動部勞動力發展署技能檢定中心」推薦、遴選和考試產生，張文漳幾度想從裁判長職務退休，但應用電子類別競賽每屆報名選手數都在所有競賽職類的前五名，一旦他卸任後，這項競賽很可能因爲缺乏專業裁判而走入歷史，高職電子科的優秀選手也少了一項可參加的重要競賽職類，因此他只好繼續承擔下去。

原任職臺北市松山工農，現於屏東東港海事學校任教的鄧文榮，十多年前受張文漳邀請加入裁判行列，每年的分區賽或全國賽，鄧老師都會協助命題並承擔裁判工作，現爲此職類的副裁判長，爲張文漳的得力助手之一。

在鄧文榮眼中，張文漳是一位冷靜、嚴謹、思慮縝密、應變能力和危機處理能力都很強的裁判長，「跟著張裁判長讓人安心，我只要專注在裁判工作上，任何問題裁判長會出面；他經驗豐富，有能力處理棘手的事，團隊合作得很順利。只要他邀請，我義不容辭。」

「近幾年，張裁判長改變很多，這應該和他加入慈濟有關。他的心性變柔軟，比較會表達對選手的關切。」鄧文榮說著說著，笑了起來：「要改變一位能力這麼強，又這麼冷靜的人，眞是不簡單！」

蔡瑞良是儀器廠商業務部經理，和張文漳有多年合作經驗，專門提供競賽用儀器。他說，張文漳在工作上實事求是、一絲不苟，雖然合作初期他覺得吃了些苦頭，但後來反而學習到更多正確的工作態度，受用不盡。「這些年裁判長加入慈濟後，工作要求不變，但態度多了傾聽和同理，這也讓我對慈濟團體產生好奇心。」

每一項技能競賽，裁判長和裁判屬於團隊運作，需彼此分工合作。

應用電子競賽的評比，分數呈現比較客觀，競賽結果爭議不大，但一些設計相關技能競賽，如商業設計、服裝設計、美容美髮等類別，主觀分數較重，比賽結果往往看法分歧，時有紛爭。

張文漳具有國際裁判長資格，經驗豐富，也是各方倚重仲裁的不二人選。他說：「有人不解，爲什麼我要處理一些不是我分內、卻又很棘手的事？我的想法很單純，如果我有能力處理，別人又信任我，爲什麼不伸出援手呢？」

面對、解決、放下

二〇〇三年，張文漳從大同公司退休後，轉赴「小林髮廊」任職，用句時下流行語形容——看似很「跳 tone」。事實上，新的工作內容也和技職教育相關。

爲了提升美髮師的專業技能，張文漳向各大專院校尋求建教合作機會；對於店面主管的任用，他並非只考量單一能力，而是選擇較有愛心和包容心的人來承擔；他提倡「愛的管理」，每當同仁出現紛爭，他以「有能力的人先低頭」來鼓勵彼此放下成見、釋出善意，往往都能成功化解對立，也意外的大幅提升營業績效。

「這些可是我在慈濟擔任志工學習到的，眞的很好用！」張文漳在二〇一四年受證慈濟志工，除了爲自我人生開啓另一個視野，也將《靜思語》應用在生活和工作中。「要經常『口說好話』，不要用『我好累、我好窮、我命苦』等話語來詛咒自己；時時自我祝福——更有精神、更有毅力和勇氣，就能用正念迎向每一天。」

「面對壓力」、「解決壓力」，張文漳從中體會到很多的智慧，他認爲壓力無所不在，但只要心念一轉，壓力也會是成長的動力。

「坐著想不如起而行，愈是害怕面對壓力，壓力愈是如影隨形；用行動迎向壓力，往往事情不如想像中困難。」他說，付諸行動後，倘若問題依然得不到解決，這時候就要學習放下的智慧。

「行善也會啓發內在的快樂！」張文漳分享自己的眞實體悟：「每天出門前將銅板投入竹筒，發一分行善助人的好願，會帶來整天的好心情。」他建議大家善用「吸引力法則」，「口說好話，身行好事，心想好念；善念會像迴力鏢一樣，點點滴滴回向自己的人生中。」

認眞在每個當下

每天都在爲別人的孩子付出，有一天，太太向張文漳小小地抱怨：「你都在當別人家小孩的貴人，是不是也能爲自己的孩子安排貴人？」

「如果孩子爭氣，貴人自動會出現在他們的人生中；如果孩子不爭氣，安排再多貴人也枉然。」張文漳解釋，並非對自己的孩子採行放任教育，事實上他的三個孩子——兩女一男，目前都有很好的發展，不須他操心。

「我做的事，孩子都看在眼裏——我認眞在每一個當下，就是對孩子最好的身教；我用心對待別人的孩子，相信老天爺也不會虧待我的孩子。」張文漳心有所感地說。

三十多年的職涯，「裁判」抑或「裁判長」，只能說是對社會的付出，並不是一份能養家糊口的主要職業，但是透過訓練選手參加競賽、站上世界舞臺，對張文漳來說，卻是一種使命，也是一種榮譽。

使命，來自張文漳對專業的熟悉與了解，他想要幫助年輕人創造專業價值，進而提升國家競爭力；榮譽感，則來自攻無不破的亮麗成績。

未來，張文漳爲自己的人生路定下一個嶄新的目標，他希望能慢慢從職場退休，帶著豐富的人生經歷，全心投入慈濟這個慈善團體。

金牌裁判長的那把尺，多了柔軟的刻度，張文漳要以「行善、傳承、付出無求」，爲自己的人生再贏一面金牌。

英雄不怕出身低

撰文／李玲、林美宏・攝影／陳榮豐

從基層員工到飯店經營者，
身分轉換，服務精神卻不曾改變。
面對家人、客人或員工，
盧若蓁以飯店為舞臺，
創造人與人之間的溫馨互動。

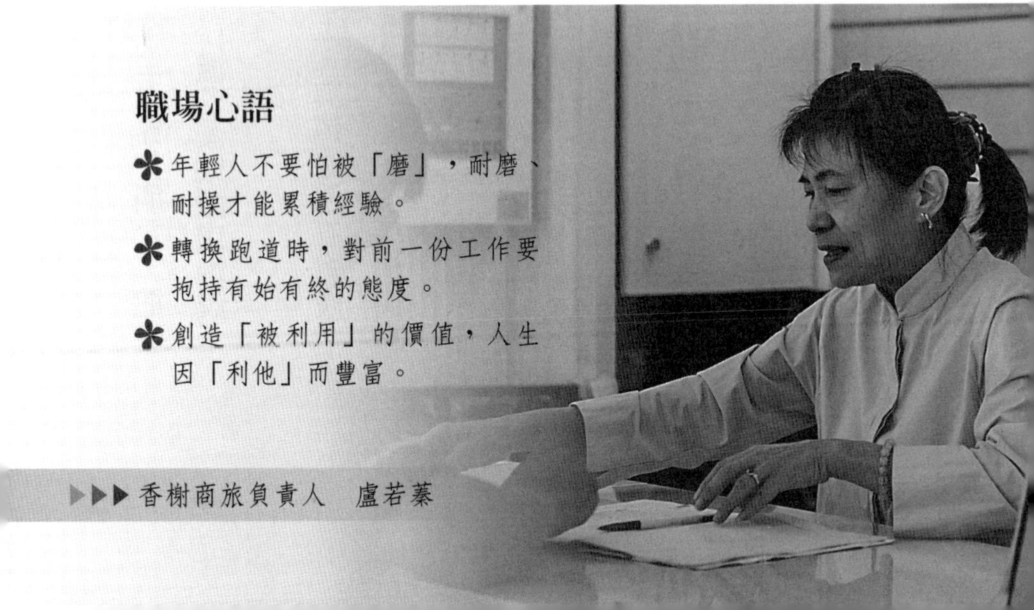

職場心語

- 年輕人不要怕被「磨」，耐磨、耐操才能累積經驗。
- 轉換跑道時，對前一份工作要抱持有始有終的態度。
- 創造「被利用」的價值，人生因「利他」而豐富。

▶▶▶ 香榭商旅負責人　盧若蓁

知名實業家嚴長壽先生曾分享，自己是抱著跟全世界交朋友、把臺灣介紹出去的心情經營飯店。同樣身爲飯店經營者，盧若蓁則謙虛地說：「除了宣揚臺灣的人情味，我還要做最好的國民外交。」

盧若蓁所經營的香榭商旅位於臺中市西屯路上，與道路筆直寬廣、百貨公司林立、五星級飯店進駐的臺灣大道僅有一路之隔；飯店樓高只有六層、客房五十間，卻能在競爭激烈的臺中旅館業開創出一片天。

「尊重客人的獨特性，凡事想在客人之前，絕不輕易說『不』，是我不變的服務理念。」盧若蓁說，飯店不以「星級」取勝，而是以親切、溫馨、熱忱，讓住過的客人還想再來。

正在櫃臺結帳的兩位日籍旅客，透過櫃臺小姐翻譯，滿臉笑容地說：「前前後後、來來去去，我們住這裏已經有兩年了。」

另一位則說：「這裏的服務人員都很有朝氣，臉上滿滿的笑容，讓我們也被感染得很有朝氣。服務好，下次還會再來！」

為了讓每一位住客感受「賓至如歸」，盧若蓁要求飯店員工隨時注意制服的清潔，時時面帶微笑；對外與客人談話清晰簡單，對內同事間彼此交談要輕聲細語，「與客人應對要抬頭挺胸、有禮貌，多說——您好、請、謝謝、對不起，用飽滿的精神展現飯店的生命力。」

「『用最少的預算，得到最多的服務』，是我常來的原因！」任職農藥公司的蔡經理說。剛用過早餐的東培工業股份有限公司臺灣營業部經理彭文錡，也在微笑中給予肯定：「這裏的早餐雖沒有五星級大飯店的豐盛，但簡單幾樣菜、盤盤新鮮可口，葷素均有、補菜又快，如同在家用餐。從盧經理到服務員，人人以一分眞誠的心，把客人當家人，住過絕對會再來。」

「這家飯店很溫馨，特別是櫃檯服務人員非常親切，不把你當作來就來、走就走的客人，缺少眞誠歡迎的感覺。」從臺南前來旅遊的林先生說：「臺中大小飯店這麼多，這就是我們為什麼選擇這間，還一定要住這裏的緣由！」

體貼客人的需要

三十年前，爲了協助丈夫創業，盧若蓁選擇從站櫃檯做起，第一線面對客人、了解飯店經營的要務。

當時住房客多是來臺洽商的日本人，盧若蓁不會說日語，經常接起櫃臺電話後，聽到對方一句「もしもし（喂喂）」，就緊張地將電話遞給一旁的同事。

她下定決心學習日語，從基本的五十音開始，每天早起和睡前反覆誦念，大概一個星期終於記起來；而後，她開始熟背飯店常用的句子，每天至少一句，並把員工當作老師和練習對象，勤能補拙地學習，有時講錯或講得不夠標準，日本客人還會主動教她。如今，她已能說得一口流利的日語，從門口迎賓到領客進房，簡單的寒暄和介紹都難不倒她。

從事服務業三十多年，盧若蓁總是用心接待住客，她態度落落大方、個性溫柔親切，往往讓住宿客人留下深刻印象。

她在客房的床頭櫃上擺放一本證嚴法師《靜思語》，希望當房客心中有煩惱時，書中的某一句話能讓他豁然開朗；如果顧客喜歡，還可以把書免費帶回家。

遇到臺灣的特定節日或不同季節，飯店也會準備應景食品與房客分享：端午節吃粽子、中秋節享用月餅，夏天則提供新鮮荔枝與西瓜……只要是日本旅客入住，房間裏的電視會預先設定在NHK頻道，客人打開電視就能收看到熟悉的節目。

盧若蓁說：「我常與客人聊天，聽多、聽久再加上多用心，常客的姓氏、特徵、喜好，甚至生活上的小細節都能記住，讓客人感受溫馨，有被尊重的感覺。」

幾年前，一位德國籍客人手部不適，盧若蓁請飯店人員帶他去針灸，來回幾次很快就痊癒，讓這位德籍客人對中國傳統醫術舉起大拇指說：「Very good!」後來他每次造訪臺中，一定來此住宿，並分享給朋友：「這裏太好了！臺中找不到服務比這裏更好的飯店。」

曾經，飯店同時有韓籍和日籍客人投宿，他們分屬臺中科學園區裏不同的科技公司，與飯店簽訂長達一年的住宿約；兩國人民的民族意識都很強，偶爾一起用餐或在大廳遇到，從來不打招呼，更不會相互交談。

沒想到有一次，臺中因強颱來襲而宣布停班停課，飯店除照例供應早餐，更破例提供午、晚餐；隔天清晨，用過早餐的日本客人看到飯店女性員工在走廊上費力扶正盆栽、在馬路上整理樹枝，馬上走出大廳協助。

這時，幾位韓籍客人看到了也立即加入行列，協助清理傾倒樹木。盧若蓁高興地說：「眞不可思議，他們竟然彼此交談，還互留聯絡方式。」

就是這般的貼心關懷與互動，讓很多外賓將飯店當成自己的第二個家，每次造訪臺灣，都將這裏作爲下榻的最優先考量。

不怕從基層做起

回顧與飯店業的因緣，盧若蓁說，要從她與門僮向亨嘉結婚說起。門僮是一份受人使喚的工作，常被客人或同事任意差遣。盧若蓁與向亨嘉共事時，欣賞他以學習心態欣然接受任何差遣，不僅沒有牢騷怨言，空暇時還努力學習各部門的工作要領；雖然身體疲累，但因此累積了飯店經營的精髓與經驗，一路從門僮、行李員、大廳櫃檯做到房務。

一段時間後，一群五星級飯店高級主管前來參訪，看到向亨嘉的任勞任怨、吃苦好學，大爲肯定；之後一間歇業的飯店整修後重新開幕，業者便邀向亨嘉合夥出資、負責管理。

「英雄不怕出身低，只要肯努力，每個人都能出頭天。」盧若蓁鼓勵年輕人千萬不要怕從基層做起，只要肯付出就會有收穫，只要是人才就不會被埋沒。

盧若蓁從小就被送養，她的生父頗具理財觀念，不捨他們夫妻倆再努力都只是領薪水的人；在獲得家族同意後，決定尋覓合適的地點，自行投資飯店事業。

一九八六年的某一天，向亨嘉路過臺中西屯路，一棟興建中的建築吸引了他的目光。獲得屋主讓售後，他們將內部空間重新設計、改裝成飯店。隔年新飯店在市長剪綵下風光開幕，由盧若蓁的叔叔掛名董事長，向亨嘉出任總經理。

當時臺灣經濟起飛，飯店在他們夫妻倆胼手胝足經營下，短短三年已成爲中部著名觀光商務飯店。

兩年後，原先合夥的飯店因故停業，老同事介紹日本客人轉赴夫妻倆經營的新飯店下榻，盧若蓁能與日籍旅客輕鬆交談，無形中拉近彼此距離，飯店客源逐漸以日籍旅客占多數。

業績穩定後，向亨嘉又受聘投入當時正興起的汽車旅館業，盧若蓁掛起「營業經理」名牌，獨挑飯店管理與經營重擔。爲了提高住房率，她甚至把兩個女兒分別交由娘家生母及養母照顧，開始勤跑業務。

身材嬌小、韌性強的盧若蓁，努力拜訪各大公司，期望能開啓商務住宿客源。一番努力果然沒白費，很多企業老闆被她的誠意感動，指定員工出差時住宿她的飯店。直至一九九九年臺灣發生九二一大地震前，飯店住房率都能超過五成。

分外事當學經驗

盧若蓁的外甥林郁雄大學就讀觀光系，畢業後追隨阿姨的腳步投入餐旅業，從基層做起，扎實累積飯店服務經驗。

二〇〇一年，盧若蓁終於等到林郁雄學成襄助，對他很是讚歎。「當初找他來幫忙時，他堅持將前一份工作的分內事告一段落、清楚交接後才轉換新職，這種有始有終的精神，可作爲青年們轉換跑道的參考。」

林郁雄將飯店當成自己的事業付出，雖掛名副理，但不以長官自居，而能放下身段、主動補位；有時遇到同仁休假，不論是餐廳洗碗或是到房務部拉床單、拆被套，甚至整理浴室，他都做得滿心歡喜，和員工互動良好，帶動出很強的向心力，讓業績扶搖直上。

「不論應徵何種行業，都不要怕從基層做起。」林郁雄分享，他曾在南部某五星級飯店服務，因爲部門多、分工細，很多人只想把自己分內事做完就好，常以「不懂」、「不會」、「不熟」來推托或拒絕其他任務。

「做自己該做的事固然重要，但主動幫忙不屬於自己的事，絕對沒錯。或許有人會笑你傻，卻能從不同的工作中學習到各種寶貴的經驗，收穫最多的往往是自己。」林郁雄認爲，年輕就是最大的本錢，無論遇到任何事，都要抱持著主動學習的態度去做。

盧若蓁與林郁雄建議嚮往飯店服務業的學子們：自信心要強、工作態度要積極——「我可以做到」絕對比「我試試看」來得機會大。

「面試時若只在乎升遷制度，會減低錄取機會。」他們也提醒年輕人，除了看重薪資待遇與福利，要思考如何爲投宿飯店的客人創造感動。

創造「被需要」機會

盧若蓁的叔叔二〇〇二年在中國大陸投資時，因替人作保遭受牽連；身爲飯店董事長，他個人的產權遭法院拍賣。盧若蓁的父親難以接受家產被切割，亦擔心外人入股後經營權會受影響，爲此勞心勞力而小中風。父親鼓勵盧若蓁買下飯店的所有股份，卻被她一口拒絕。「飯店大小事一向都由爸爸處理，我正想多參與活動來認識慈濟，他竟然給我這麼一個重擔。」

然而，聽到證嚴法師開示，家業、事業、志業可以並行，「行孝、行善不能等」，她有如當頭棒喝。爲了安爸爸的心、讓他專心養病，盧若蓁邀約大姊共同向銀行貸款，加上向爸爸借款，終於順利買下叔叔及父親名下的所有股權，但姊妹倆也因此背負六千多萬元的貸款。

買下飯店產權、成爲女老闆才三個月，竟又遇上SARS風暴席捲全球，不僅退房電話多到令人不知所措，面對從疫區前來投宿的客人，又該如何保護自己和住宿者的安全？「該說『YES』，還是『NO』？」讓她感到很無助。

終日惶惶的當下，爲了與員工共體時艱、安他們的心，盧若蓁決定帶著兩個女兒一起搬進飯店、以飯店爲家。

她每天站在第一線，拿著額溫槍幫客人量體溫；雖然平安度過這一波疫情，但是住房率下降逾半、收入銳減，肩負龐大貸款壓力的盧若蓁，只好請求銀行暫停本金攤還，只先支付利息。

「爲了事業，我沒有畏懼，也不去算還有多少負債，只是讓自己很努力地往前走。」盧若蓁平日總是放下身段、隨時補位，讓部屬感到窩心，遇到困難時也能共體時艱；最後總算度過長達四個月的困頓期。

任職臺中地方法院的郭德進法官，是向亨嘉的多年好友，他稱讚盧若蓁的成功之道在於：「時時有『利他』的想法，員工在她的帶動下，個個有愛心、有慈悲心；這『二心』正是服務業的基礎精神。」

「因爲有宗教信仰，她遇困難常自我勉勵『心中有佛法，自然有辦法』，這也是任何時候她都能笑臉迎人的原因。」郭德進肯定地說。

「我從不用『一指神功』使喚人，飯店員工流動率很低，很多人一做十多年還在職。」盧若蓁說，服務業最重視人與人之間的溫馨互動，「我期許自己能被別人需要，成爲別人生命中的貴人。」

林郁雄則說：「阿姨是我跟員工之間的橋梁，也是圓融同仁之間的潤滑劑，將飯店員工凝聚一心，就是她的成功之道。」

盧若蓁曾經埋怨父親，生她卻沒育她，讓她小小年紀就離開家庭、成爲養女。但在一次慈青營隊裏，孩子們一句句「若蓁媽媽」，讓她當下轉念。

「別人只有一對爸媽疼，我卻擁有兩對父母的寵愛；就學時住市區養父家，寒暑假返回鄉間生父家度假，生母及兄姊還加倍疼愛我。我的兩個女兒有兩位阿嬤爭先當保姆……我比別人幸福好幾倍，是自己身在福中不知福。」

「當初我眞的好傻！原來，認命才會好命！」盧若蓁說，如今回想，感恩上天都來不及，還有什麼好埋怨的？

「不要小看自己，每個人都有無限的潛能。但不要好高騖遠，要步步踏實，做自己該作的事。」盧若蓁以自己的人生經歷勉勵青年朋友，在學期間要顧好課業，若有工讀機會應虛心學習，歷練出待人處世的道理。

「學會待人處事，比學會做事的才能更爲重要。」盧若蓁鼓勵學子們，不要怕多做事，「多做、多學習、多累積經驗，收穫最多是自己；創造『被利用』的價值，人生因利他而豐富」。

四十歲的職場新人

撰文／高玉美．攝影／陳何嬌

大學畢業即走入家庭，不惑之年才初出社會，
從門外漢爬升成為藝術總監，
王儷蓉證明只要自我要求、用心學習，
主婦下半生不會只有柴、米、油、鹽。

職場心語

- 敢於挑戰、勇於突破、不怕失敗，是邁向成功的必經之路。
- 學會欣賞他人優點、包容不同意見，還要正確表達自己想法。

▶▶▶ 臺北當代藝術精品中心總監　王儷蓉

臺北市忠孝東路四段一棟醒目的大樓裏，一間低調卻高雅的藝術品陳列室隱藏其中。王儷蓉身著剪裁合宜的黑色套裝，腦後輕挽髮髻，簡單俐落的裝扮，幹練不失氣質，與她藝術精品中心總監的身分極為相襯。

大學念的是公共衛生，畢業後馬上結婚、成為全職家庭主婦。王儷蓉在忙於家務之餘，大量閱讀書刊雜誌，不與社會脈動脫節。隨著子女相繼成長，她開始思考下半場人生，希望能走一條屬於自己的道路。

年過四十才要謀取人生第一份正式工作，屬性又與所學大相逕庭。面試時，主管問她：「這工作你行嗎？」秉持不服輸的上進心態，她的積極表現取得認同，從此走入藝術品鑑賞的工作領域。

為了獲得肯定，她不斷自我充實專業知識，在一次次的工作表現中獲得讚賞，也因此被公司提拔為藝術部門總監職務。

藝術並非高不可攀

走進臺北當代藝術精品中心，王儷蓉為一群尚在大學求學的孩子們親自導覽，她侃侃而談臺北故宮博物院正展出的法國奧賽美術館三十周年大展：「這是一生中，應該要去欣賞的曠世巨作……」

藝術是什麼？標準為何？王儷蓉做了簡明的註解：「藝術沒有標準答案，每個人對藝術或美學的品味與認知不同，所衍生出來的情感投射也就不同。走一趟美術館，駐足在每一位藝術大師的作品前，透過眼睛觀賞再傳達到大腦，所帶來的悸動與感受，就是最簡單的藝術！」

「我生長的家庭，讓我能時時接受美的薰陶；生活美學的涵養，潛在地充盈了我的人生。」生活中從未缺少藝術與美，王儷蓉因而體悟，藝術不應高不可攀，而要相融於食衣住行之中，只要用心，日常生活的小角落也能呈現出與眾不同的美感與藝術。

以國際知名的爆破作畫大師蔡國強為例，他以天空當畫布，用煙火作為彩繪色彩，曾經在上海以火藥爆破的煙霧，呈現如潑墨山水畫般的意境，「創作加上創意，呈現出與眾不同的美，就是藝術。」

蔡國強顛覆一般人對火藥的認知，作品表達出東方哲學與西方藝術的巧妙結合，不拘泥於世俗框架，每每創造出氣勢磅礡的不朽作品。

王儷蓉表示，用火藥的灰燼呈現在畫布或器物上所產生的效果，比用顏料與畫筆的困難度更高，「蔡國強成功的故事告訴我們，敢於挑戰，勇於突破，不怕失敗，是邁向成功之路的必然。」

爲「永遠」而畫

大陸早期留學法國的畫家常玉，一生鬱鬱不得志，生前所創作的「四裸女」畫作，呈現線條的美感與色彩的調和，令後人激賞；另一幅作品「枯枝」，在常玉離世後曾創下華人畫作拍賣天價。

藝術家們窮其一生，只爲完成「創作」一事；儘管當下窮困孤寂，卻一生懸命地達成自我理想。王儷蓉告訴孩子們：「這種精神，值得學習！」

一般人總認爲藝術品高不可攀，無形中產生距離感。王儷蓉的詮釋卻是：「藝術品的價值，不在拍賣時的金額高低，而是藝術家創作的時空背景與心情陳述；幾經時空交替，欣賞者透過作品傳遞，與創作者產生情感交流與美學的遞嬗，這就是藝術的無價之寶。」

就如法國印象派大師保羅．高更，以畫作展現大溪地風光與田野生活。繁茂的植物、色彩鮮豔的居民服飾，原原本本呈現在他的畫布上，成爲他創作靈感的泉源。王儷蓉說，「儘管高更晚年受疾病所苦，卻仍未減一分一毫對藝術創作的熱情，後世才有如此豐富的畫作得以欣賞。」

「品賞名畫，要如何入門呢？」王儷蓉回答同學的提問：「欣賞一幅畫的精髓，首先從構圖看起。接著是線條，最後是色彩……」

她以米勒名畫「拾穗」爲例說明，三位彎著腰、低著頭在田間勞作的婦女，呈現出「二比一」的完美構圖。農村婦女粗壯的身體線條，給人樸實的莊嚴感；收割時大地呈現一片金黃麥色，與三位婦女的粗布衣裳相襯，色彩對比又不失協調。

米勒以鄉村民俗的畫風，加上動人的人性關懷，成爲法國最偉大的田園畫家。然而在那個年代，他所描繪出農村生活樣貌的創作，畫風不容於主流社會，使得米勒失其志向。

「你要爲永遠而畫！」祖母的一句當頭棒喝，讓米勒改變迎合現實的框架，走出自我的創作之路。

王儷蓉說：「看到米勒堅持理想，以關懷民間的角度，畫出自己熟悉與喜愛的畫作，這分堅持的精神與毅力，值得仿效！」

磨合是職場生態

螢幕中出現一件頗具現代感的歐洲街頭裝置藝術品，看似平凡的雕塑作品，正面看是一頭溫馴的長頸鹿，再移動角度去欣賞，出現的竟是一頭昂鼻的大象。

「藝術不可思議，除了欣賞創意與美學，也藉著作品讓人反思，人與人相處，就像大象與長頸鹿，從不同角度去欣賞，會出現不同的答案。」

欣賞藝術之際，王儷蓉不忘叮嚀莘莘學子們：「將來到職場上，若與同事出現不同意見，要學會欣賞他人的優點，包容不同的意見，還要適時且正確地表達出自己的想法，大家集思廣益取得最優質的方案，再按團隊共識去執行，就能體會成功的美好。」

「磨合，就是職場生態！」王儷蓉分享，松下幸之助創業之初，為了擴展業務而到處奔走，腳底磨出厚繭；這種為理想而堅持走過坎坷的心情，讓他日後無論遇到任何挫折，只要撫摸腳底厚繭就能再次勇往直前。

臺灣實業家林百里在公司草創初期，背著筆記型電腦四處走訪客戶，電腦包的肩帶磨破林百里的肩膀，卻磨不掉他堅強的意志；在其所經營的「廣達電腦」成為優良上市公司後，身為總裁的林百里說：「肩上的疤痕時時告訴我，成功不是一蹴可幾，是靠點點滴滴付出的累積。」

王儷蓉話鋒一轉，感性地說：「我踏進藝術界，也不是一帆風順，也遇到許多困難和磨難；每每遇到挫折時，我會花更多的時間在自己最不足的區塊加強學習，也會尋求不同資源、請教資深前輩。」

此刻館內展出大陸藝術家韋冬有關「鹿」的銅雕展。展示架上，一隻命名爲「如是我聞」的鹿，吸引了觀賞者目光。

只見鹿角分叉處，有如千手觀音的手，時時關懷著天下眾生，同時也象徵著眞理和溫暖。每一隻「鹿」的肌肉紋理栩栩如生，頭上兩隻角的設計，顯透著創造者無限寬廣的思想，卻又融入東、西方哲理，予以欣賞者無限的想像空間。

另一個雕塑作品「仲夏夜之夢」，則是表達對未來的希望與祝福，也是許多人對未知的追求與憧憬……

對於每一次的策展規畫，王儷蓉總是尊重每一位專業者的立場與看法，但也勇於表達自我的見解及對藝術品的欣賞角度，讓每一次的展出都能完美呈現，也讓兩岸三地許多藝術家都願意定期提供作品參與展出。

面對藝術家的遴選與洽談，身為策展總監的王儷蓉表示，這需要耗費相當心力。「藝術品種類之多、涉獵之廣，如何推出受人歡迎又不流於曲高和寡的作品，往往需要與藝術工作者一再溝通。」

王儷蓉言及藝術領域從業人員的甘苦：「我們要不停地接觸不同領域的藝術家，了解藝術家的作品是否合乎現代人對美學品賞的喜好；而當然，對各種藝術品都要有所涉獵。」

「藝術要深入人心，讓人一眼就能融入作品的精神裏。」王儷蓉表示：「藝術與美，要共存生活中。如果一件藝術品顯透著作者只堅持自我想法，無法融入一般人眼中或心底，我們也只有忍痛犧牲。」

展場的洽談，又是一門學問。王儷蓉說：「每一個飯店或展場，無論場地、動線、燈光，是否符合每一次不同的藝術展覽，也是需要考量的條件之一。」

雖然工作中充滿著難題與考驗，王儷蓉卻樂此不疲，「再多的苦與累，只要看到團隊策畫出來的作品，能夠完美呈現在普羅大眾眼前、得到行家青睞，再多的辛苦，頃刻間也化爲烏有！」

機會是留給準備好的人

坐在布置雅致的接待室裏，王儷蓉從容地啜上一口熱茶，隨著茶水的氤氳，回轉到十多年前一頭栽進藝術專業領域的場景，「我不想自己人生下半場，還是在柴米油鹽醬醋茶中打轉！」

當時，四十出頭年紀、從未出過社會的王儷蓉，從家庭主婦要轉入「藝術鑑賞」職場，被人事主管直接了當地問：「你可以嗎？」

「請您給我時間，我會努力讓公司滿意。」藝術鑑賞與所學的公共衛生完全不著邊，王儷蓉爲了不讓人生留白，積極努力學習這門課程。她自我要求嚴格、做足功課，不但廣泛閱讀藝術相關書籍，更親自到國內外的美術館或博物館參觀。

從北美館、故宮、歷史博物館，或是到國外觀賞藝術品和展覽，王儷蓉將專業人員的解說錄音存檔，回家反覆聆聽，再對照書籍或相關展覽資料，吸取藝術精要，累積對美學的資糧。

她形容自己雖像一張白紙，但旺盛的求知欲讓她有如一塊海綿，不斷吸收藝術鑑賞知識。展架上每一隻工筆畫的花瓶，從拉坯、描摹到燒製，她都鉅細靡遺地閱讀相關書冊，將每一過程都了解透徹，民眾參觀時就能詳盡且詳實地解說。

王儷蓉將充實的內在涵養發揮在工作上，步步踏實的努力獲公司高層賞識，從專案專員逐漸拔擢爲公司藝術總監，一路勝任愉快。

對即將就業的孩子們，王儷蓉發自內心期許：「選擇職業，千萬不要存著當一天和尚撞一天鐘的想法。」

雖然現下就業環境嚴峻，王儷蓉仍以過來人的經歷，殷切勉勵孩子：

「二十二K並不可怕，可怕的是有沒有突破二十二K的決心！」

「不要怕轉行，機會是留給準備好的人。」她強調，一個人若自我設限「高度」，就會像一隻被杯蓋困住的跳蚤，經過幾次跳躍失敗後便自我放棄；縱使移開杯蓋，仍自我設限地維持原來的跳躍高度，很難從既有的環境中跳脫。

「事情有正、反兩面，悲觀的人永遠以壞的角度看待所受的待遇，愈受挫折，愈打擊自我心念；反之，正向進取的人總是在考驗中尋找希望，從希望中創造新的未來。」

巴菲特曾說：「我成功的祕訣是『性格』。」王儷蓉表示，正是自己勇於改變的性格，才不讓人生綑綁在廚房裏，更因爲願意接受挑戰、朝自己設定的目標前進，才能在藝術界中彩繪出一片亮麗的天空。

對於自己中年仍能重返職場，她心中充滿感恩——感恩公司給予學習機會，也感恩家人鼓勵與包容，讓人生留下絢麗的一頁。

王儷蓉以自身經歷勉勵年輕人，學校的學術養成是日後就業的基礎，應心無旁騖、盡心學習；畢業後投入職場前，可透過性向測驗找到適合自己的行業，全力以赴、好好表現。

「職場上要不恥下問，一個人的學習態度與精神，會感染周遭的人；認眞加強自己的不足處、廣泛吸收他人優點，天道自然會酬勤。」王儷蓉鼓勵大家，設定目標，堅持不懈地朝目標前進。

「作一個掘井人，一天一鏟沙、一月一坡石，努力挖掘出屬於自己源源不竭的井。」至於藝術及美學的賞析，她建議或可當成怡情養性的學問，「多聽、多看、多學，培養美化人生、促進生活品質的能力。」

做自己 不如做好自己

撰文／蔡翠容．攝影／李志成

從事美姿美儀教學，
黃秦浸認為，真正的禮儀是做到表裏如一。
「美好的第一印象，
建立在初次見面的七、八秒之間；
想要擁有良好的個人形象，
不但要『做自己』，還要『做好』自己。」

職場心語

- 美好的第一印象，建立在談話內容、音調及動作等表達方式上。
- 自我形象應與自身專業相符合：形象，就是個人的名片。

▶▶▶ 臺中市國際禮儀推展協會創會會長　黃秦浸

九月天的中臺灣午後，黃秦浸頂著烈日，在十三層樓高的空中花園裏把弄花花草草。這大樓是她的父親所建設，在高樓林立的都市水泥叢林中，展現一望無際、綠意盎然景象。

黃秦浸低著頭，看了看眼前一簇簇嬌豔的紅仙丹，輕輕剪摘下幾朵，再順手剪了幾根水草，「每次上課前，我都會插一些花，再準備上課要用的器具。」回到五樓，在偌大、雅致的美姿美儀教室裏，黃秦浸低著頭，自顧自地把紅仙丹和水草安置在典雅的花器裏。大大的長桌上擺置了典雅的杯盤、茶具，空氣中彌漫著幽幽清香，伴隨弦樂靈動，幾許畫作與乾燥花藝點綴其中，儼然是陶冶心靈最美的所在。

學生一進門，先和黃秦浸打過招呼，隨即到舞蹈教室貼牆站、練習走路。教室四周都是鏡子，學生個個抬頭挺胸，緊貼著牆壁認眞練習，一次、兩次、三次……看似簡單的動作卻不馬虎，一次又一次就爲了能走出美的姿態、轉出平衡感。

「老師說，把基本功學好——從不自覺到自覺，又回到不自覺，就能很自然、很自在地做好每一個動作。」學員們相互提醒，認眞地縮小腹、貼牆站。

暖身之後，準備開始這天「坐姿與喝茶」的課程。大廳一角擺放四、五座立鏡，黃秦浸首先示範女性坐姿的起落——如何起、如何坐，手與腳該如何放；接著再爲唯一的男同學李宇堂示範教學。

看著同學媽媽、姊姊們在鏡子前縮緊小腹，挺直腰桿坐了又站、站起又坐，李宇堂自我調侃：「禮儀課對男生很寬容！」黃秦浸則是笑瞇了眼、甜甜回應：「男生要粗獷、簡單，動作之間要展現力與美！」

坐姿禮儀課程後，黃秦浸領著學員們在大桌前就座：「今天我們泡烏龍茶。」

學員們靜靜觀察老師優雅的一舉一動——舉起茶勺，從茶倉中撥出茶葉，看似簡單的動作卻都有學問與含意。

「茶食若裝在小盤子上，要四指併攏地將盤子拿起；若是擺放在大盤上，進食時就不必拿起盤子……」黃秦浸不急不徐，以優雅動作示範。看著學生戰戰兢兢練習傳茶動作，她忍不住輕聲鼓勵：「對，左手拿，接到右手再傳給下一位……」小小動作做對了，不僅能營造溫馨氛圍，也能讓賓主盡歡。

行儀一致，表裏如一

約是一九九一年，黃秦浸因弟弟參選民意代表，她在隨行拜訪的行程中，認識了慈濟志工翁淑女，受邀到花蓮慈濟大學爲懿德媽媽上一堂美姿美儀課。

之後，黃秦浸陸續受邀到慈濟臺中分會、彰化分會演講，也在彰化分會爲護專學生上一堂穿著禮儀課；日後更受邀至彰化社區推廣大學擔任美姿美儀老師。

儘管頻繁受邀爲慈濟人授課，但黃秦浸一直沒有深入認識慈濟；直到參加彰化分會的「妙手生華」和「靜思茶道」課程，她才進一步了解，也才知道媽媽原來早就是慈濟榮譽董事。

「靜思茶道的師資要受證慈濟委員才能承擔，阿利師姊鼓勵我參加志工培訓。」黃秦浸於二〇〇八年受證慈濟委員，並進一步承擔靜思茶道師資與課程規畫。

她將「茶人威儀」融入慈濟茶道課，但熟識的友人得知後，紛紛勸阻她不要把專業用於免費教學，「這樣會讓專業變得廉價，不太好！」黃秦浸也曾自我矛盾，但思考茶道中「茶人威儀」只是課程一小部分，況且自己願意爲慈濟付出，還是爲茶道師資上了七個小時的免費課程。

「上完那七個小時後，我就完全放下心中的矛盾了。」黃秦浸認爲，到慈濟當志工就是要學習付出，往後茶道課增加初、中、高階課程，她也捨一小時一萬元的鐘點費，樂意當個付出無所求的快樂志工。

「加入慈濟十年來，我改變很多。」黃秦湲提及，以往在公司行號上課，都由老闆親自開車接送，不知不覺貢高我慢；「我自己沒發現，是別人感覺我的眼睛長在頭頂上，很難親近。」

很多人覺得她「難相處」，還有人說「看到她就趕緊假裝沒看到，快速回避」。黃秦湲認爲，自己是加入慈濟後才慢慢修正，「以前我覺得禮儀是做給人看的，現在慢慢了解，禮儀其實是要做到表裏如一。」

過往追求外表的完美呈現，如今黃秦湲心有所感：「上人才是美姿美儀的最佳老師，他的行住坐臥，人前人後完全一致。」她不斷自我提醒，要學習上人的精神，行儀一致、表裏如一。

做自己？做好自己？

二十六年前，一位朋友在學校開設美姿美儀社團，商請黃秦湲幫忙代課；朋友告訴她，只要在課堂上播放音樂，讓學員們跟隨音樂走臺步就好。

「是這樣子嗎？」黃秦浸告訴自己，一定要弄清楚美姿美儀是怎麼一回事。

當時臺中沒有相關的課程與師資，黃秦浸決定搭機到臺北，以一小時一萬元的鐘點費學習；課程結束後，她更開啓興趣，經常到國外參加短期研習。

英國著名形象設計師羅伯特．龐德曾說過，這是一個兩分鐘的世界──一分鐘展示「你是誰」，另一分鐘讓人們「喜歡你」。

「你是誰？希望別人怎麼看你？」黃秦浸表示，自己在別人心目中留下的印象，稱爲個人形象。「美好的第一印象，建立在談話內容、音調及動作等表達方式上。」

第一印象會在初次見面的七至八秒間形成，黃秦浸告訴大家：「想要擁有良好的個人形象，不但要『做自己』，還要『做好』自己。」

她以A、B、C來說明：

A是「Appearance」：包含一個人所有「外在」表情、服裝、配件、髮型……要展現整體合宜得體及協調的美感。

B是「Behavior」：一個人所展現出來的「行為」，即風度與態度的呈現，包含肢體動作、說話的聲音語氣、接待拜訪禮儀的行使、餐桌上的表現等。

C是「Communication」：指一個人利用語言、文字所進行的「溝通」。

「身體端正，心境自然輕鬆自在；自在會流露出自信心，有自信心就會展現魅力。」黃秦漫表示，長期彎腰駝背的人，除了外表看起來沒自信，肯定身體也不好，「要贏在起跑點，身體健康很重要。」

所謂的「時尚」，黃秦漫認為，就是優雅的展現；「溝通」，則是透過舉手投足等肢體語言來表達訊息。

「男女在肢體語言的表現上雖互有差異，但是能在開口動舌間，展現溫聲柔語、臉掛笑容讓人如沐春風，這就是可愛的人生！」黃秦浸說。

形象，就是個人名片

曾有學生接受高階培訓，未來將成爲美姿美儀老師；但是，看到她一走出教室就完全走樣，黃秦浸不免感到失望。「有人問我，爲什麼不培養師資？不是不培養，是很難培養——從花藝、茶道到服裝設計，都包含在美學裏，要做到裏外一致，而不能只有表面功夫。」

「有人很會插花，待人處事卻不得體；有人從事服裝設計，自己的穿著卻不合宜……想要投入美姿美儀教學，需要具備基本的美學條件與環境。」

「美姿美儀教學的範圍很大，如何在課堂上說服人？本身呈現的樣子很重要。」黃秦浸強調，自我形象應與所傳授的內容相符合，「我不需要印名片，也不需要做廣告，我就是自己的名片。」

想要成爲專業老師，黃秦浸認爲，除了學習各方面的美學素養，還要有恆心、毅力接受長時間磨練，涵養深厚的底韻。

時代不同，「禮儀」也隨之轉變。黃秦浸認爲，禮儀講求由內而外，卻需要先由外而內——將外在的規矩慢慢內化後，自然會約束自己，時時靈活應變。

「餐桌禮儀、社交禮儀、應對禮儀、談話藝術……這些都是必備的。」黃秦浸經常受邀到各行各業演講，她認爲，商業知識的累積也不能缺乏。

「優雅的儀表，能增加個人自信。要走這條路，第一件事就是形象改變，再來要多讀書、訓練口語表達能力；重點是，做的要比說的多，不能說到卻做不到。」

「外在的形象，透露個人的內涵深度與厚度。」黃秦浸建議年輕人，時時充實自己，以積極進取和樂觀心態去處理人生所遭遇的各種矛盾和困難，讓優雅展現在舉手投足之間。

挑選學生，傾囊相授

一般人對美姿美儀的刻板印象，無非就是走臺步、練站姿。黃秦湲卻在每次課程中安排「談心」時刻，「我希望這裏就像一個家，大家在此學會生活禮儀、開啓美學的概念。」

除了用心營造寬敞靜謐的環境、提供生活化的課程，黃秦湲更用心挑選學生。「學生進來上課前，一定先經過面談聊天，確認彼此是不是有緣；有緣才會認眞學習，願意認眞學習，才能來上我的課。」

「年輕時認爲，學生收得愈多愈好；現在，我希望每位學生都是有緣人，會珍惜彼此的相聚。」黃秦湲泛起瞇瞇雙眼，露出慣有的微笑，「不論有幾個學生，我都傾囊相授，尤其過了六十歲，更覺得應該趕快傳承、不能藏私。」

「老師，我很好奇，您對我的第一印象是什麼？」就讀逢甲大學的李宇堂俏皮提問，黃秦浸笑說：「嗯，你充滿了負面想法。」

李宇堂的媽媽廖明月是黃秦浸的教學助理，「因爲媽媽的關係，我來學禮儀，本來不覺得禮儀跟自己有關……」但是上過幾堂課後，李宇堂發現，自己變得比較開心，也發覺涵養自我氣質的重要性。

如今與人相處，他時時注意行爲舉止，「老師的影像常常浮現我的腦海：不能這樣、不能那樣，這不符合規定……」

同學的儀態也讓他引以爲鑑：「背怎麼這麼駝、站姿怎麼會這樣……以前的我也是這樣，現在眼光不同了，經常當作借鏡。」

黃秦浸學生的年齡層從七歲到七十歲都有，「學生在這裏上課，他們的行爲態度都是我的責任。我希望以專業影響學生，接引有緣人一起走向美善有禮的可愛人生。」

圓夢永不嫌遲

撰文／陳婉貞・攝影／張進和

百歲人瑞許哲六十九歲學瑜伽、
八十歲還在教瑜伽……
讓年紀「僅僅五十八」的陳淑麗很受激勵，
決定報名瑜伽師資培訓，
教大家練健康、練體力，快樂做好事。

職場心語

- 做事唬弄是不行的，老實修行，才能不斷累積經驗與磨練。
- 説服別人之前，自己要先做到。
- 充實專業能力、獲得信任，才能有愉快的工作時光。

▶▶▶ 瑜伽老師　陳淑麗

「吸氣……吐氣……吸氣……吐氣……」春寒料峭，慈濟大學行政大樓七樓佛堂內，鋪滿排列整齊的瑜伽墊；陳淑麗身著瑜伽服，靜心等待學員們的到來，準備帶給大家一場身、心、靈和諧的律動導引。

許多人對陳淑麗的印象，都還停留在過往名模的光環中，今日除了帶動瑜伽，她還想分享自己從螢光幕走向平淡的心路歷程。

光鮮亮麗的代價

陳淑麗是澎湖長大的孩子，家中開設報關行，她是父母的心肝寶貝，從小就接受舞蹈等各項才藝訓練。

澎湖離島甚多，過去交通不發達，許多漁民每日將漁獲送到馬公販售，卻常錯過一天只有一次的回程船班。陳淑麗的爸爸不忍鄉親難以支付旅社費用，經常提供住家讓人免費留宿；看慣父母熱心助人的舉動，陳淑麗內心覺得，幫助別人是一件很自然的事情。

國中畢業後，考取臺北的世界新聞專科學校電影製作科，她受父母身教影響，參加學校愛心社團，經常到育幼院輔導小朋友課業。

年輕又亮麗的陳淑麗，總是吸引很多目光，就學期間被推薦參與「藍與黑」舞臺劇演出；世新畢業後，戲劇老師又將她推薦給電視製作人，開始進入演藝圈當藝人。

陳淑麗的演藝之路順遂，生活也多采多姿。她笑說：「我是人來瘋，有時明明收班後很累了，朋友打電話來約，我衣服一換馬上趕去，不願錯過任何聚會。」

之後又走上伸展臺，成爲家喻戶曉的名模。舞臺上講究臨場應變，反應要快且不容出錯；常常這一秒還在臺上妖嬈走秀，下一秒就要快速改變妝髮再上場。壓力，讓陳淑麗成爲菸桿子的臣服者，久而久之，咳嗽、黑痰的狀況逐漸找上這位漂亮的「癮君子」。

戒菸大使啓動健康計畫

一九八〇年代，瑜伽剛引進臺灣不久，陳淑麗陪朋友參加課程介紹，看著講師自在地彎曲、伸展身體，從小學芭蕾的她，好生羨慕。一位朋友看她躍躍欲試，告訴她：「練瑜伽會走火入魔。」她嚇得不敢再接觸。

藝能產業快速變化，隨著年齡增長，陳淑麗的演藝事業也從演員、名模、活動主持人、廣播節目主持人等不斷拓展，成爲全方位藝人。期間，父親與弟弟驟逝，讓她體會生命無常。憶起慈愛父親留給她助人的身教，當董氏基金會找她幫忙宣導戒菸，她義不容辭，一九八六年開始擔任戒菸大使，不但自己戒除多年菸癮，還到各地宣導戒菸的好處及吸菸對身體的危害。

當時她勤跑校園，經常得把握學生朝會時間進行菸害防制宣導，這對習慣熬夜、長期睡到自然醒的她而言，是很大的體力考驗；不僅如此，一天之內南北奔波也是平常事，陳淑麗發現當義工不能只靠毅力支撐，還必須要有健康的身體。

「要說服別人選擇健康的生活模式，自己要先擁抱健康。」爲了培養好體力，陳淑麗決定開始運動。

她看朋友靠一張簡單的瑜伽墊就能在辦公室伸展身軀，再度被挑起對瑜伽的興趣。朋友帶她一起練習，並解開她對瑜伽的誤解。一九九六年經人推薦，陳淑麗開始跟隨闞玉華老師學習瑜伽，開啓每週兩天的課程。

一開始，陳淑麗認爲瑜伽是一種運動，她只想透過練習維持良好體態。從小學舞，她的身體柔軟度很好，每次都能跟著老師的示範，做到標準的身體彎曲或伸展動作，至於呼吸吐納她並不在意，更遑論經絡的調理。

每週不間斷練習，她漸漸練出了興趣，在老師不厭其煩指導下，她知道學習瑜伽不能只是學會肢體運動，身體內部的調息與心肺功能的提升更爲重要，於是跟著慢慢調整。

「這跟修行一樣，唬弄一下是不行的。你騙不了自己的，無論做什麼，終究是要老實修行。」陳淑麗笑著說。

百歲人瑞的當頭棒喝

一九九九年土耳其發生大地震，早已受證慈濟委員的陳淑麗，跟著大家走上街頭募心募愛。一整天不間斷地向捐款民眾彎腰道感恩，許多志工都累得挺不直腰，陳淑麗發現自己的體力比其他人好很多，認爲這是持續練習瑜伽的成效。

一個月後臺灣發生九二一大地震，災後一週，陳淑麗每天大清早就帶著募款箱上市場勸募，還到松山火車站附近倒塌的東興大樓現場，幫忙洗菜、切菜爲救災人員製作便當；晚上，她又和志工們捧著募款箱，到熱鬧的卡拉ＯＫ店勸募，常常任務結束已過凌晨一點。

起早趕晚的生活持續好一陣子，陳淑麗發現，做好事若只有一分好心、好願是不夠的，還要有好體力，此後她更認眞練習瑜伽、持續精進。

學習瑜伽很好，但每年持續繳交學費，對沒有固定工作收入的她來說，有時會是個負擔。學習邁入第十年，她的能力漸漸被肯定，經常有人鼓勵她「找個場地開班授課，我們都去當你的學生！」

「我自己做做還可以，當老師教人哪有那麼簡單！」話雖如此，每當回花蓮慈濟醫院做志工，晚上收班回寮房休息時，看到同行志工顯露出疲憊樣態，她總是想：「如果大家都來學瑜伽，就可以有好體力、歡喜做志工了。」

發了好願的陳淑麗，二〇〇七年擔任新加坡一百零六歲人瑞許哲來臺募款記者會主持人，得知許哲「六十九歲才學瑜伽，八十歲還在教瑜伽，超過一百歲更發願籌建老人院」，當下她有如當頭棒喝——年紀「僅僅」五十八歲的她開了竅，決定去上師資班，她要以瑜伽老師身分，教大家放鬆自己、健康快樂當志工。

「差不多小姐」學習當好老師

一向大而化之的陳淑麗，自嘲是「差不多小姐」，可是當老師可就不一樣了。「因爲要教人健康，我很怕教錯，所以更認眞、仔細去學，自己練習後覺得很好，才能去教學生。」

取得瑜伽教師資格後，爲了方便照顧媽媽與當志工，她就近在住家附近的瑜伽教室或公司行號教學。揹著大包包，匆匆忙忙轉搭公車或捷運在各個瑜伽教室間趕場，有時候這間教室要教哈達瑜伽，到另一間教室要教流動瑜伽，她總是配合著學生的需要而調整自己的教學。

瑜伽學派有很多樣態，相較於有些人考過一張證照就開始教學，陳淑麗一邊授課，一邊仍不斷地繳學費進修。她希望自己能夠符合學生的期待，因此即使後來擁有十多張瑜伽證照，她仍兩度遠赴印度取經，希望透過不斷地學習，克服教學生涯所面臨的諸多挑戰。

有一次瑜伽課，不同於往常的靜態示範，這次她起身一個個協助學員調整姿勢，想將自己新學到的動態瑜伽教給學生；沒想到學生受不了這樣的調整，竟直接說下次不再上她的課了，當下她感到震驚。

被拒絕的挫折，讓她自我省思：並非不斷給予自以爲最新、最好的課程，或是討好學生，讓每一個人都喜歡來上課就好，「要站在學生的立場，思考哪樣的課程內容最適合眼前的這批學生。」

她從教學挫折中檢討與成長，「就像慈濟志工協助受助者，並不是給予自己想給的，而是要了解對方眞正的需要。這個道理是相同的。」

儘管如此，自我要求很高的陳淑麗，總想著不同的課程對身體有不同的幫助，自己必須多方學習才能融會貫通、才能將最適合的課程提供予不同的學生。

爲了對人體筋膜與經絡有更深一層的認識，她甚至主動學習解剖學；一本本厚重的課本、密密麻麻的人體筋膜，考驗著將近古稀之年的陳淑麗。

她舉起手臂示範：「這裏是二頭肌、這是三頭肌，這兩塊肌肉連著肩膀，如果肌肉沒有建立起來，運動時肩膀很容易脫臼。所以老師課堂上必須跟學生說明，做這些困難動作的體位法，對哪些肌肉與關節有什麼好處？」

經歷種種教學挑戰，如今陳淑麗一派從容：「充實專業能力，才能獲得學生的信任，才能有愉快的教學時光。」

爲了成爲優秀的瑜伽老師，陳淑麗也經常參加教師研習。有一次，大家聚在一起練習倒立體位法，兩人一組，先由一人頭朝下倒立，另一位則要小心扶著對方的身體，協助練習身體平衡。

一組組帶開練習時，陳淑麗的夥伴因爲顧著跟其他人聊天而疏忽她，讓她整個人摔下來，額頭受傷縫了七針，隔天還帶著大大的綳帶去主持節目。

陳淑麗以自己爲例，慎重地告訴學生：「我請你們兩兩相互幫忙時，絕對不能丟掉對方；這是一種相互協助的練習，千萬不要將別人的安危當成無所謂。」

成功無捷徑和年齡限制

陳淑麗自一九九九年起，開始在慈濟大學擔任懿德媽媽。這堂課，參與學員包含各年級、各科系的學生，她了解孩子們正面臨功課壓力，教導他們用呼吸幫助睡眠，也教大家利用一張椅子或一塊墊子做些簡單的放鬆動作：「這個動作可以讓胸口打開，心胸寬闊了，人會比較樂觀、陽光。」

來自馬來西亞的慈大物理治療系一年級同學陳立民說，當淑麗媽媽要大家運用大腿力量，靠在牆壁慢慢蹲下時，他體會到瑜伽不只是拉筋，更注重強化體能。

陳淑麗認為，現在是全民健保時代，每一個人除了照顧好自己的健康，也有責任把健康概念分享給別人。她觀察到同學們因為經常看書或是使用3C商品，容易產生駝背，練瑜伽最大的幫助就在改變姿勢。

大家常認爲，平常走路就是在運動，傳播系四年級曜宇烏瑪分享自己聽到的重點：「淑麗媽媽說，運動的關鍵在於大腿，若大腿肌肉有力，體能會更好。」她第一次聽到蜂鳴式呼吸法，「利用聲音延長呼吸時間，可幫助自己冷靜下來，對集中精神非常有效，回去一定要試試看。」

現今有些年輕人抗壓性低，容易找理由而放棄學習，陳淑麗叮嚀大家：「無論如何都不要放棄運動，只要繼續做，就會看到效果。」而這也是陳立民這天最大的收穫：「身爲物理治療學系學生，假使不能堅持運動的好處，自己都腰痠背痛了，將來怎能說服病人持之以恆地復健呢？」

雖說瑜伽對身體健康有很大的好處，但誠如陳淑麗所說，方法正確，才能達到良好的效果。陳淑麗寶貴的人生課程，讓人了解成功沒有捷徑、也沒有年齡限制，老實修行，不斷累積經驗與磨練，才能成就健康亮麗的人生。

分秒必爭 不留遺憾

撰文／李志成・相片提供／許志賢

警察工作日夜顛倒，任務又是千奇百怪，自殺、服藥、跳海、燒炭……雖是搶時間救人，久了難免疲累心煩。「如果對方是我的眷屬，遇到了該怎麼辦？」許志賢分享轉念與抗壓之道。

職場心語

- 風平浪靜訓練不出一個好水手，沒有暗礁怎會激起美麗浪花？
- 每個工作都有不同的辛苦，遇到挫折不僅要轉念，也要耐煩耐操。

▶▶▶ 花蓮縣警察局勤務指揮中心警官　許志賢

午夜時分，花蓮縣警察局依然燈火通明。報案勤務指揮中心電話響起，一位年輕人以急促語氣呼救：「趕快救我爸爸！趕快！我爸爸離家要去自殺！」

「你不要急，慢慢說。他有開車或騎車嗎？什麼時候離家的？有帶手機嗎？電話號碼多少？」接電話的是許志賢，他一面安撫對方情緒，一面詢問可供追蹤的訊息。一旁同事趕緊用GPS查車號及電話號碼，追蹤這位父親的去向。

掛下電話，許志賢立即通知勤務指揮中心的同事驅車外出，循著衛星定位引導，尋找失聯民眾，希望能及時挽救寶貴生命。

天很黑，車子繞行彎彎曲曲、沒有路燈的山路，小徑兩旁都是草叢。來到一處公墓，看到路旁有一輛未熄火的車輛，同事趕緊衝下車，打開車門、拖出已喝下農藥的老先生，送醫急救後，總算救回這位老父親。

接獲同事完成任務回報的許志賢，心中大石頓時放下；此時報案電話又響起：「中山路的加油站還沒開，可以幫忙請老闆開門嗎？」……

最短時間，排解難題

每天在勤務指揮中心接聽近百通求救電話，有緊急、有苦難、有人受傷、有人自殺、有人沒飯吃……許志賢總是耐心地聆聽、調度，期望在最短時間內排解對方的困難。

「其實，我是讀建築的，就讀羅東高工建築科。」三十年前，臺灣房地產景氣很好，許志賢原本不想從事警察工作，但媽媽期待他能效法外公成爲人民保母，基於孝順只好勉強答應。

一九八六年參加警察招生特考，一萬兩千人報考，只錄取兩千名額；年輕的他體格很好，卻不抱任何希望，不意放榜時，竟然錄取了！

隔年從臺灣警察專科學校畢業後，許志賢被分發到花蓮溪口派出所擔任行政警察；第一次處理車禍現場、獨自陪伴屍體過夜，十九歲的他被嚇得雙腿發軟。

從警第二年，許志賢認識從事美容的劉麗貞，劉媽媽平常在黃昏市場擺攤賣菜，經常遇警察取締，有時連菜籃、磅秤都被收走，對警察印象極差。但因爲愛女兒所愛，且欣賞許志賢的古意、老實，最後同意他們的婚事，也終於了解警察工作的辛苦，對他心疼有加。

許志賢服務過許多單位，在花蓮仁里派出所經歷人質挾持、瓦斯引爆事件，爲他帶來震撼教育。之後又改調花蓮吉安分局勤務中心，受理一一〇報案電話，有的順利協調解決，有的無能爲力徒留遺憾，也曾經被騷擾……他的心情起伏很大。

投入警察工作第十五年，他被調往花蓮縣警察局勤務中心，每天上班十二個小時，一有狀況，即使晚餐吃到一半也要隨時出勤；颱風天，一般民眾躲在家中避災，他卻要往外跑救災。

每天要接上百通電話，經常被罵、壓力沈重，但考慮家中有妻兒要扶養，許志賢知道自己沒有退路，唯有自嘲：「一尊佛要經過千雕萬刻，才能上佛桌接受供養，我就把自己當成出氣筒吧！」

拒「香檳酒」，廣結好緣

「警察先生，我們是慈濟功德會志工，可以麻煩您幫忙查詢附近火災戶的戶籍資料，方便我們聯絡家人嗎？」一九九一年十一月，慈濟志工蘇郁貞來到派出所請求協助，由許志賢負責接洽。

「不好意思！民眾戶籍資料不能隨便提供，請你告知住址，我們會派人去處理。」雖然無法了遂對方心願，但許志賢聽到「慈濟功德會」，心中生起好感。

猶記得一九八九年，太太產後血崩被送到花蓮慈濟醫院急救，緊急輸血後平安出院；此後，他心中始終有「慈濟是救命恩人」的想法，如今再聽到「慈濟功德會」，他深受觸動，想加入這個團體。

蘇郁貞引介許志賢進入慈濟，也是改變他一生的推手。看到年長的師姊爲了慈濟志業經常腳不停歇地到處奔走，許志賢看在眼裏、疼在心裏，主動提議要幫忙收善款及勸募。

「收善款要有耐心，有時候遇到會員出國旅遊、去外地辦事……收五遍還收不到。」蘇郁貞先對他打預防針。此外，因爲工作壓力大，許志賢學會了「香檳酒」──香菸、檳榔、酒，幾乎一週有五天都在喝酒，蘇郁貞也提醒他，「如果習氣不改，人家會誤會你把善款拿去喝酒。」

一九九二年，許志賢開始勸募，經常利用排休來拜訪會員。爲了讓會員有良好印象，他格外注重儀容，不僅服裝整齊，也把「香檳酒」習慣戒掉。

「『香檳酒』是職場文化，每當迎新、送舊、應酬時，經常難以避免，但是自從皈依上人，我要遵守佛教戒律，堅持以茶代酒。」許志賢語氣委婉，總是讓人願意了解與接受，不再對他灌酒。

二〇〇一年七月三十日桃芝颱風來襲，豪雨造成花蓮縣鳳林鎮、光復鄉、壽豐鄉及萬榮鄉災情慘重，許多民眾的家園遭土石流淹沒。許志賢的太太劉麗貞跟隨慈濟志工前往協助救災及關懷，在殯儀館值勤一星期後，從此不再吃肉。

當時許志賢尚未跟著茹素，有一天他在警局裏吃雞腿飯，同事看到了驚訝地問：「慈濟人也吃雞腿喔！」許志賢感到懺悔，爲自己愼重選擇開始茹素的日子——民國九十一年十一月一日，「四個『一』，就像蓋房子需要四根柱子，祝福自己茹素的發願永遠堅固。」

許志賢認爲，吃素是身體的環保，可以長養慈悲心，但是他卻很少用宗教信仰立場來宣導，「像星期日局裏不開伙，我就主動跑腿幫大家買素食便當，鼓勵他們一星期吃幾天素也不錯。」

「不要認爲吃素沒營養、吃素體力會不夠，這其實都是藉口。」許志賢常以自己壯碩的身材、說話丹田有力來鼓勵大家，響應茹素來打造清淨的社會環境。

曾經有一次，許志賢在牛肉店巧遇同事太太，對方質疑：「你不是吃素？跑來牛肉店做什麼？」他費了好一番口舌解釋，才讓她相信自己是來向叔叔收善款；這讓也他警覺到，自己慈濟人的身分已被認同，要更注意言行舉止。

「習氣不是改不過來，而是願力夠不夠深、夠不夠大、夠不夠堅持。」許志賢記得證嚴法師的叮囑，不能只在口頭上發願，說得到卻做不到；發願後要身體力行。

「師父說過：未成佛前，先結好人緣。」爲了募心募愛，許志賢經常邀同事到宿舍泡茶、切水果；久而久之受他影響，彼此不再是酒肉朋友，而是一群充滿愛心的夥伴。

一九九三年，許志賢受證成爲慈濟委員，收善款、做善事，讓他樂在其中，會員戶數曾達一百五十多戶，這都是他廣結好緣，用心用愛鋪出的菩提成果。

有一位會員因先生車禍往生、家中負債累累，無力再續繳善款，許志賢鼓勵她，行善不在金錢的多寡，而要涓涓細流。他持續關懷、協助她走出陰霾，如今這位會員已加入慈濟志工培訓，一起走上慈濟菩薩道。這也讓許志賢自我期許：「時時累積愛的存款，把握機會成爲他人生命中的貴人。」

吃苦過往，抗壓能量

勤務報案中心電話又響起。連續假期即將結束，一位民眾開車塞在中橫公路，趕不及回去上班，抱怨連連。

許志賢耐心勸說：「這條路只有二十米寬，平常每天僅有百輛車通行，現在湧入一千輛，當然會塞，就算派一百名警察去指揮交通也沒有用……」然而，用路人不一定都能理解這樣的狀況。

另一頭，一位媽媽心急如焚報案，她一直聯絡不上兒子，擔心他出意外，希望警察先生可以幫忙探視……

自殺、服藥、跳海、燒炭……每天接到的電話千奇百怪，久了難免會感到疲累、心煩；許志賢經常把「善解」放心中，當下轉念：「如果對方是我的眷屬，該怎麼辦？」這麼一想就不煩了。

警察工作日夜顛倒，每天爲了搶救生命而與時間賽跑；有些派出所人力不足，只好分段排班，可能休息四個小時又要上班；有時還得面對民眾的無理要求，或是被投訴，累與煩自是不在話下。

「每一個工作都有不同的辛苦，上人叮嚀『把職場當成道場』，不僅要轉念，也要耐煩耐操。」許志賢鼓勵有志投入警務工作的年輕人，一定要有健康的身心，才有辦法承受這分辛苦。

小時候騎腳踏車賣菜、送報紙；國中畢業就到臺北餐廳打工，半工半讀完成學業，許志賢說：「我吃過很多苦，卻沒有哭過。」

兒時的歷練，是如今承受工作壓力的能量來源，「若從小就被保護著，現在被罵、被欺負就擋不住，或是遇到挫折就想辭職，這樣可是不行的，因爲警察工作很神聖。」

「風平浪靜訓練不出一個好的水手，沒有暗礁怎會激起美麗的浪花？」許志賢鼓勵時下的年輕人，再辛苦也要咬緊牙根撐過去，挫折之後才能承受更大、更多的責任，如願跑到目標終點。

投身好環境，親近善知識

「每當社會上有緊急、苦難，有人受傷、自殺，或是沒有飯吃，大家都會打一一〇，所以，警察其實就是聞聲救苦的活菩薩。」許志賢笑言，警察爲社會人民付出，有薪水可領，又可以救人做好事，多好！

二十五歲當慈濟志工，二十六歲成爲慈濟委員，雖說工作有時讓許志賢喘不過氣來，但他仍把事業、志業、家業三方並行。「上人說，換一個工作就是休息。我利用放假的時間做慈濟，將念頭專注在志工勤務上，就能暫時忘掉工作壓力。」

做志工，是他最好的紓壓方式，二十五年來，年年皆是如此。「不要說沒有時間，時間是自己騰出來的；我與太太很少出去玩，常把一整年可休的假集結起來做慈濟。請假做慈濟，做慈濟不請假，愈做愈歡喜；若沒付出，時間也是一樣過去。」

每天出門上班前，許志賢的第一件事就是投竹筒，他鼓勵年輕人多付出，「付出才會惜福，從小做志工，能及早培養善心善念。」

「在魚店打工，身上難免熏染腥臭味；反之賣香人就算身上不帶香，還是會沾染香味。」許志賢認爲，好的環境可以改變一個人，親近善知識、接受品格教育、培養正確的人生觀，未來帶著這股良善的動力走入社會、職場，才能影響許許多多人，匯聚社會清流。

小山頭大革命

撰文／蕭惠玲・攝影／楊琇婷

一腳栽進種茶、製茶行列，
門外漢陳金環捨棄「慣行」、堅持「有機」，
邊做邊學，辛苦難言，卻很自豪：
她的茶能讓人品茗到天地精華，
茶湯色澤晶瑩剔透，入口回甘潤喉。

職場心語

- 凡事盡心盡力，之後萬事隨緣。放下，是歷經曲折磨難，才能學會的深奧道理。
- 人無法戰勝自然，只能順應大環境。
- 以善心對待大地萬物，天地的回饋也會愈來愈友善。

▶▶▶ 尊上溪山有機茶園經營者　陳金環

新北市坪林，山形地勢天然而成。北邊爲伏獅山區，南邊是阿玉山區，北勢溪蜿蜒全境，境內峰巒疊翠，茶園梯田綿延起伏，溫暖潮溼且時常雲霧瀰漫，滋潤著滿鄉茶園。天時地利的環境，造就出茶樹生長的好地方，鄉內更有著豐富茶業的歷史文化傳承故事。

順著山路蜿蜒行駛，一路緩坡往南山寺（舊稱仙公廟）前行，附近海拔約五百多公尺的茶區隸屬於一戶詹姓人家，分別由詹興田、詹正義兩兄弟所擁有。

八年前的一個冬夜，詹家出嫁數十年的姑姑陳詹燕，告訴自己的女兒陳金環：「你大舅舅的茶園休耕好多年，他的大兒子剛往生，身體和心情都很不好。你要不要主動去向他承租茶園，讓他有些微收入？」

陳金環聽從母親的話，向大舅舅開口租地。猶記得簽約那一夜，她親口問舅舅：「跟您簽約後，有沒有做茶是不是都沒關係？」大舅舅回答：「你向我租地，要不要種茶隨便你！」陳金環安心地交出了簽約金。

怎知隔日大清早，舅舅來電：「阿環，你今天要上來施肥、鋤草喔！」陳金環感到疑惑：「昨晚不是說，要不要做隨便我？……」但電話那頭卻很堅持：「租了地就是要種茶，不然租地要做什麼？」

清明節前後是春茶採收時期，坪林的茶農通常會在農曆年後開始施肥、鋤草、整理茶園。大舅舅非常堅持陳金環要馬上上山，她不知所措，急著打電話給表弟，卻得到「先配合老人家」的請託。陳金環無言以對，只得馬上趕至坪林，處理大舅舅交代的一籮筐茶事。

自此，陳金環開始了「茶農」身分，她對茶務一知半解，緊接的生活就在疲於奔命的應對中變了調。在來不及搞清楚狀況下，陳金環不得不接受眼前的功課，一步步踏入陌生的茶葉世界。

栽種有機，產量危機

身為門外漢，陳金環在小舅舅詹正義幫忙下，買了有機肥料、找來工人除草，「前一天才付幾萬元租金，隔天馬上又花了一萬多元……」沒想到過些日子，小舅舅又來電：「下個月要採茶，還有……」

在兩位舅舅、舅媽和表弟等人七嘴八舌指導下，陳金環不僅請來工人施肥、鋤草，還找來村長幫忙採茶、製茶……收成五百多斤茶葉，還得拚命地送茶，才能消滅庫存。

小舅舅擁有二十多年的有機茶栽作經驗，他和坪林茶葉產銷有機班第七班班長余三和，鼓勵陳金環沿用此法。陳金環接手第二年，茶園就進行「慈心有機驗證」，全套認證從土壤、茶葉、水質等都有嚴格規定，不可使用合成化學肥料或生長調節劑資材肥料，全區都需使用有機肥料。

投入有機認證的前三年稱爲「轉型期」，要確認茶葉、水質與土壤無受汙染才能稱爲有機；陳金環的茶園在第四年順利被認證爲有機茶園。爲了紀念外公詹溪山留下這塊土地，也爲強調愛護土地、尊敬上蒼賜予，陳金環將茶園取名爲「尊上溪山有機茶園」。

認證爲有機茶園後，陳金環開始連有機肥料都不使用，朝自然耕作法。春天百花盛開，雨水豐沛，萬物蓬勃發展，草長得快又長；爲了避免草叢中的蜜蜂、蜘蛛等生靈誤傷採茶工人，在春茶摘採前，拔草是必要的工作。但因爲不懂又沒經驗，前三年陳金環的先生用機器鋤草，竟把新苗當成雜草給剷除了！

陳金環的茶園依循時節、與草木昆蟲共生，但靠天吃飯的有機種植，收成卻愈來愈少：第一年收成五百斤、第二年四百斤，第三年三百斤……陳金環不免開始緊張：「一直虧損，還要繼續嗎？」

母親每次上山，常會指著隔壁茶園跟她說：「別人家的茶園好漂亮，你不施肥又不噴除草劑，茶樹都枯萎了！」

「那您要喝他們的茶，還是我的茶？」陳金環鼓勵自己，「以前母親從不喝茶，現在偶爾也會來個一、兩杯；喝自己種的茶，沒有睡不著的問題，表示它對身體沒有負擔。」

「開始接觸大自然，看到大地生生不息，心境也跟著改變，個性不再像以前那樣急躁。」陳金環用感恩心尊重大地、愛惜生命，她相信用一念善心對待大地萬物、關懷他人，天地的回饋也會愈來愈友善。

然而，就連鄰田的茶農也來勸說她放棄有機種植。但陳金環認爲，以慣行農法耕作，短期內可以豐收，但化肥、農藥破壞土壤，茶樹會慢慢枯竭，大約十年就要重新種植新茶種。「有機或自然耕，土壤質地能一直孕育大地萬物，即使一百年、兩百年，它的地利都不會消失。」

陳金環不願放棄，甚至還鼓勵表弟一起經營。雖然遇到種種困難挑戰，也因鄰田施作慣行農法，讓他們的茶園裏永遠有抓不完的蟲、拔不完的草，但她還是堅持友善耕種，要讓大眾喝到純淨甘甜的安心好茶。

親手觸摸，感受生命力

剛接手茶園的前三年，陳金環每年都種植兩千株新苗。十月，茶樹結籽可供壓榨茶油，如果沒有採摘下來，成熟的茶籽裂開後掉入土壤，也會長出新芽。陳金環發現了這個好方法，自二〇一六年開始順應自然，不再種植新苗。

陳金環明白，愈想要改變，愈不如所願；除了不用人工栽植新苗，她也改用人工方式鋤草，親自照護一株一株的茶苗。

夏日攝氏三十七度高溫下，陳金環瘦小的身軀，埋沒在翠綠盎然的茶樹及雜草之中。她頭戴大斗笠，全身緊緊包裹著長袖上衣和長褲，因小兒痲痺而萎縮的雙腳長度落差十五公分，讓她需要俯身靠著塑膠板凳移動。一手拿鐮刀割除漫長雜草，另一手拔掉地面上的小雜草，再慢慢往前移動小板凳；一層又一層撥開密密麻麻雜草，終見茶樹嫩綠新苗矗立而生。

談到除草的過程，喜悅之情在陳金環的臉上表露無遺，「親身觸摸土壤，把周圍的雜草慢慢拔清，會看到蚯蚓、蜘蛛，好蟲、壞蟲，再摸到茶樹……萬物生態都在上面，讓我感覺到這片土地是不一樣的。」

陳金環說，光用眼睛看，很難感受天地間豐沛的生命力；唯有用雙手去觸摸、去親近，看到老茶樹因自然法則而死亡淘汰，新茶苗不斷因應而生，小茶苗又長成大茶樹，讓人眞正感受大自然的生命力。

詹家這片茶園種植的是氣味高雅的清心烏龍茶，至今已有近三十年歷史，收成量卻從八年前的五百斤，降到二〇一六年的八十八斤；除因老茶樹枯死，還因清心烏龍所散發的味道經常吸引蟲兒來啃食，病蟲害多、很難照顧。

茶改廠副廠長曾建議陳金環改種臺茶十二號或十八號，照顧容易、產量大、產質亦佳。但是，陳金環的考量卻是：「這是大舅舅的茶園，清心烏龍是他喜歡的品種，我不能隨意去改變。」

「只要施肥，產量必定增加；但靠施肥再回到五百斤產量，對我也沒有意義。」陳金環下定決心絕不再走回頭路，「無論如何，都要保護這片充滿生機的土地。」

凡事盡力，萬事隨緣

陳金環眞正的大考驗，不僅在茶樹的種植上。一向最尊敬的大舅舅詹興田，在三年內相繼失去兒子、媳婦、女婿等五位親人，白髮人送黑髮人的痛，讓原本健壯的種茶人慢慢失智了。

多年前，表弟就將大舅舅接到南港奉養，以便就近照料，陳金環也常常載著大舅舅上山，到他最熟悉的茶園走走看看；但失智的老人家卻總認爲茶園仍是由他管理，擔心陳金環偷採茶，有一段時間每天包計程車上山監督。

陳金環凡事依順著舅舅，縱然被誤解而心有委屈，卻仍不想放棄，「如果我放棄，這一片山頭又會回到慣性種植方式。」

「凡事盡心盡力，之後萬事隨緣。」陳金環想起八年前接手茶園的那一念心，相信付出愛的能量，必定會營造出愛的循環。

人生開門七件事：「柴、米、油、鹽、醬、醋、茶」。有感於「茶」與生活息息相關，陳金環不只傳承上一代的種茶經驗，更想留住傳統茶文化。她利用三年時間用心研鑽「茶」的奧祕，了解採茶菁、自然萎凋、發酵、揉捻到乾燥等製茶過程，並考取製茶技術士丙級證照。

辛勤耕耘下，茶葉回饋給她異於別人的成績。「一般茶葉只能沖泡兩、三回，但我的茶葉可以多次沖泡，蜜香紅茶更可沖泡十次以上，茶湯色澤仍然晶瑩剔透，入口回甘潤喉。」

喝茶者能夠品茗到茶的精華，過程中有多少種茶人的心血，以及天地萬物所給予的福氣，陳金環非常珍惜。

如今在坪林山上，已有第二代或第三代年輕人回鄉種茶，陳金環相當肯定，「當初一頭栽進茶產業，每天從南港開車到坪林種茶，卻因爲舅舅的關係，無法如自己所願去經營茶園，但我始終沒有灰心過，心念反而更堅定。」

以前的她總想著，「種多一點，收成才會多一些，收入就可以變多。」歷經漫長又艱辛的八年歲月，陳金環學會「放下」。「人無法戰勝大自然，只能順應大環境；不要與老天相抗衡，大地會決定要給你什麼，順其自然就好。」

如《無量義經》偈頌〈終曲〉歌詞「毅力會創造奇蹟」，陳金環明白「物競天擇」的道理，只要不放棄，與自然和平共處、相輔相成，相信老天爺一定不會虧待自己。

「八年來的喜悅非言語所能形容。『放下』，是要經過曲折與磨難，最終才能學會的深奧大道理。」陳金環喜歡分享，隨身提個菜籃，裝著茶壺、茶具，各種茶葉應有盡有，見人就吆喝泡茶；無論是全家團聚或是好友相聚，隨著微風輕拂、陽光灑落一地，熱湯沖下、茶葉舒展，一杯又一杯甘甜美味的茶湯勾起回憶，不就是人生幸福的享受。

不放棄 讓夢成真

撰文／呂巧美．攝影／廖嘉南

窮困畫家只買得起「五條麵」的衝擊，
使父親堅決阻止陳勝隆朝藝術發展；
直到成家立業後，
藝術細胞再度蠢蠢欲動，
他才一頭栽入木作拼湊藝術中……

職場心語

- 三餐溫飽後，可以結合興趣，培養第二專長。
- 創意是什麼？跳開傳統就是創意。

▶▶▶ 素人藝術家　陳勝隆

盛夏午后，暑氣逼人，臺北市民生東路巷弄裏一片寂靜，連貓兒、狗兒都懶洋洋地躲在陰涼處；空空蕩蕩的店鋪前卻傳來刺耳的「ㄘㄘ」聲，那是切割機器運轉的聲音。

自學有成的木作、拼湊藝術家陳勝隆，正在自家化妝品店前騎樓「工作」；廢輪胎墊在水泥地上，上面再放一個空的大紙箱，那就是他的工作檯。

陳勝隆光著腳丫坐在小椅凳上，將回收的紫藍色玻璃瓶架在工作檯上，他一腳踩著腳踏板，一手拿著電動切割機，將玻璃瓶的頸部平整切下。

「您的工作坊在哪？」很多人好奇。

「這就是我的工作坊呀，蓋高尚吧！」陳勝隆答得自然。

這間隱身化妝品店騎樓的「工作坊」，不到兩坪大空間，堆滿從貿易商回收的棧板及裝潢的木材廢料，只留下中間進出走道供他「利用」。若沒有頂上的旗幟及前邊的木架招牌，任誰也看不出這是一間藝術工作室。

「蓋高尚」的工作坊，有著不一樣的工作氛圍，隱約透露主人恬淡知足的個性。

陳勝隆工作時，身旁總是伴隨一臺從環保站回收來的老式大同電扇，電扇嘎啦嘎啦的轉動聲，襯著舊式錄音機流洩出的美國鄉村民謠，他一邊沈浸優美樂音中，一邊享受工作的樂趣，高溫熱浪及偶爾劃過的車聲，完全干擾不了他的心思。

有人路過探頭問：「接受訂製嗎？可以幫忙製作木件嗎？」陳勝隆起身深深一鞠躬：「非常抱歉，我只是自己做做罷了。」就是這分對創作及藝術的熱愛執著，讓六十六歲的他一路走來始終如一，樂在其中，卻未曾將這分才能轉換成生財工具。

創作力大爆發

陳勝隆生長於人文薈萃的新北市淡水，海邊碼頭、日落夜景、老街建築，藝術文人熙來攘往，盡入雕刻繪畫作品中，也培養出他對藝術的熱情。然而，半個世紀前，藝術創作等同於生活清貧，加上不喜讀書、無法進入高等學府，陳勝隆的藝術夢想終究只能埋藏心中。

陳勝隆常說一個關於自己的「五條麵」笑話——小時候住家隔壁是麵店，常有人來買生麵條。當時以「糰」爲麵條買賣單位，沒想到有位畫家竟然來買「五條麵」；陳爸爸聽在耳裏很受衝擊，此後無論如何不准兒子走上潦倒的藝術之路。

「五條麵」破滅了陳勝隆的藝術夢想，不過，自稱是「放牛班班長」的他，如今也坦承是自己當年不愛讀書，屈服於教育體制。

成家後的陳勝隆爲了養家糊口，在臺北市迪化街布市場謀得一職，每天忙碌於職場，但仍不忘在休假時拾起木作之愛。一直到三十多年前與妻子劉玉蘭開設服飾化妝品店，有了屬於自己的時間和空間後，隱藏已久、蠢蠢欲動的藝術因子終於一發不可收拾；創作力大爆發的他，逐漸走出一條不同於一般雕刻家的路。

「千萬不要放棄性向及興趣。」陳勝隆以自己爲例說明，一個人三餐溫飽後，性向和興趣自然會再浮現；「只要堅持住，興趣一定會再找回來。」

當陳勝隆開始專注於藝術創作，淡水老家的景致及童年回憶不斷從記憶中湧現，別人不要的棧板、木材，經過他的巧手，化爲一件件具生命活力的藝術作品。木板材料容易取得、也容易塑型，陳勝隆一門深入，始終以木作爲基礎，作品質樸、渾然天成。

「我不是雕，而是塑。塑是一種加法，雕則是減法，呈現出來的東西是不一樣的。」有人說陳勝隆的作品像漂流木，但他認爲，那其實是木塑，「藝術的層次及廣度沒有絕對，我只是藉由自然的東西來表達地方之美。」

陳勝隆的作品可以概分爲兩大類：一是還原古時候的東西，以如實的手法，將古物仿得十分相像；陳勝隆認爲，這是一種懷念的表現：懷念父母親，懷念小時候曾經擁有的東西。另一類則是創作，以瓶瓶罐罐、粗麻布、粗麻繩搭配木頭，呈現綠色創意、拼湊藝術。

仔細觀賞他的作品，多半與海息息相關，那是從小在淡水生活，印象最深刻的東西，尤其，淡水造船師傅在岸邊打造船隻的情景，更令他永生難忘。

他的第一件作品「舢舨雙槳仔」，就是以一比三十的比例縮小呈現小時候家裏的一艘船；而第一次拿至花蓮靜思精舍的那盞燈，也脫胎自船燈，希望把自己年幼時空背景的故事，透過藝術作品完整向下一代訴說。

無師自通眞功夫

進入慈濟後，陳勝隆嘗試將佛法注入創作，發展出另一類作品。

「六度萬行」、「前世今生未來」、「戒定慧」……維持木作、綠色拼湊的本質，這些作品存放在各地靜思堂。而目前正在製作的「竹筒歲月點滴匯入功德海」，以舊時打水機為原型，結合各種媒材創作，是一件不同於傳統的創意呈現。

「創意是什麼？跳開傳統就是創意！」陳勝隆如此定義。在變與不變之間，沒有所謂的對與錯，他仔細拿捏，只要作品呈現美、有意涵，就是藝術。

「你看，這玻璃瓶多漂亮？」陳勝隆指著由紫藍色酒瓶做成的船燈作品說，一般人只在意玻璃瓶內的飲料，喝完便丟，鮮少留意容器之美；其實很多酒瓶都出自日本或歐美玻璃大師之手，「拼湊藝術，其實是沿用它們的美，怎麼拼湊怎麼漂亮。」

工欲善其事必先利其器，陳勝隆完美的作品來自於手巧，也歸功於各式各樣特殊工具輔助。在他的住家兼化妝品店裏，有一間由浴室改裝的工具儲藏間，整齊堆置著木工工具，有切割、車床、打磨機……它們都是陳勝隆的寶。

每年世貿木工大展是陳勝隆尋寶的大好機會，貿易商沒銷售出去的進口樣品機，都是難得一見的特殊機種；他慧眼獨具買了下來，等待派上用場的時機。

陳勝隆說，製作不同的作品要用不同的工具，惟有工具齊備才能塑出理想的作品。只是，如何辨識合適的工具？

也許是自幼喜好拆解東西所致，陳勝隆對工具敏銳度特別高，每當構思一件作品、檢視素材時，適用的工具自然浮現腦中。

很多人好奇，一個沒受過專業訓練的人，如何無師自通，在藝術路上走出光彩？陳勝隆不否認自己有與生俱來的藝術天分，而藝術情懷始於好奇心。

「為什麼時間一到，就有人在音樂鐘裏面敲響音樂？」孩提時期，只要家裏有新東西，他總想盡辦法拆解一探究竟，結果難免招來一頓「竹仔枝炒豬肉」，然而也正是這種精神，他創作時會特別思考其中奧祕，做得十分精準。

從小受到淡水藝術家薰陶，但他更相信，對興趣的堅持和自我努力，才成就今天的自己。而他的藝術天分除了展現在木作、綠色拼湊藝術，也在口琴吹奏上；六支口琴組成的合音口琴隨手拿起，吹吸間樂聲時而輕快嘹亮，時而淡柔哀傷，讓人聽得感動，不禁問道：「哪兒學來的功夫？」

「我口琴左右顛倒拿，也無譜。」陳勝隆哈哈大笑，閃過一絲促狹的眼神。原來當年他拿起哥哥的口琴胡亂吹，根本不知正反，就這麼自得其樂、一錯到底，再也改不了；而不會看譜的他，靠著奇佳的音感，竟也無師自通，樂譜在心中，旋律源源出。

等待有緣人傳藝

在陳勝隆的藝術世界裏，似乎沒有「不可能」三個字。

「出國時所看到的藝術品，總能反映出當地文化；淡水很美，我想留下足跡。」陳勝隆未來想回淡水找一間老舊的三合院，成立造船博物館，擺放與船相關的作品，讓遊客一邊喝咖啡、一邊走入時光隧道，懷想過往的淡水。

「手邊很多古董，等著將它們木塑還原呈現呢！」陳勝隆從沒想過停下腳步，還想與年輕藝術家分享自己的技藝。他說，中國人十八般武藝都會留一手，可能從祖師到第十九代就失傳了，他在等待有緣人。

「我不是藝術家，是爲藝術找到家，感恩過去生可能也有學佛，今生才會在因緣成熟後，把心停在這兒。」陳勝隆珍惜擁有，感恩當下的平與順。

他也以過往的經驗，勉勵有志投入藝術工作者，「每個人的因緣福德不同，即使目前沒辦法完全朝著興趣走，把握初心、蓄積能量，等待時機成熟再出發，千萬不要放棄志向及性向。」

看著陳勝隆一頭栽入木作拼湊藝術，把家當「工廠」，妻子劉玉蘭曾有怨言，但是隨著進入慈濟修行佛法，她慢慢轉念，「屋寬不如心寬，只要他健康，歡喜就好。」

陳勝隆的藝術路，因爲有家人的善解，將走得更長、更遠……

水月系列００６

「職」引迷津

作　　　者／鄭淑眞、邱蘭嵐、李小珍、洪綺伶、劉　對、曾修宜、黃沈瑛芳
吳瑞清、葉金英、李老滿、彭鳳英、吳進輝、陳美羿、曾美姬
張嘉澍、丁碧輝、李　玲、林美宏、高玉美、蔡翠容、陳婉貞
李志成、蕭惠玲、呂巧美
攝　　　影／吳雪慧、張進和、陳美珠、許登蘭、曾修宜、黃沈瑛芳、曾美姬
林豐隆、陳榮豐、陳何嬌、楊琇婷、廖嘉南
感恩慈濟北區合心人文眞善美志工組長駱純美協助召集

創　辦　人／釋證嚴
發　行　人／王端正
總　編　輯／王慧萍
主　　　編／陳玫君
企畫編輯／邱淑絹
特約編輯／洪淑芬
編　　　輯／涂慶鐘
校對志工／簡素珠
美術設計／洪季伶

出　版　者／慈濟傳播人文志業基金會
慈濟期刊部
地　　　址／11259 臺北市北投區立德路 2 號
編輯部電話／02-28989000 分機 2065
客服專線／02-28989991
傳眞專線／02-28989993
劃撥帳號／19924552　　戶名／經典雜誌
製版印刷／新豪華製版印刷股份有限公司
經　銷　商／聯合發行股份有限公司
23145 新北市新店區寶橋路 235 巷 6 弄 6 號 2 樓
電　　　話／02-29178022
出版日期／2018 年 7 月初版一刷
2023 年 9 月初版三刷
定　　　價／新臺幣 250 元

國家圖書館出版品預行編目（CIP）資料

「職」引迷津／鄭淑眞等作；陳玫君主編 . -- 初版 .
臺北市：慈濟傳播人文志業基金會, 2018.07
319 面；15×21 公分 . --（水月系列；6）
ISBN 978-986-5726-55-3（平裝）
1. 職場成功法　2. 生活指導
494.35　　107010364